淳六味道地药材栽培实用新技术

郑平汉 编著

山茱萸　前胡　覆盆子

黄精　重楼　三叶青

西北农林科技大学出版社

U0272854

图书在版编目（CIP）数据

淳六味道地药材栽培实用新技术 / 郑平汉编著. —
杨凌：西北农林科技大学出版社，2019.11（2020.8重印）
ISBN 978-7-5683-0770-3

Ⅰ.①淳…　Ⅱ.①郑…　Ⅲ.①药用植物－栽培技术
Ⅳ.①S567

中国版本图书馆CIP数据核字（2019）第245925号

淳六味道地药材栽培实用新技术
CHUNLIUWEI DAODI YAOCAI ZAIPEI SHIYONG XIN JISHU

郑平汉　编著

出版发行	西北农林科技大学出版社
地　址	陕西杨凌杨武路3号　　　　邮　编：712100
电　话	办公室：029-87093105　　发行部：029-87093302
电子邮箱	press0809@163.com
印　刷	西安浩轩印务有限公司
版　次	2019年11月第1版
印　次	2020年8月第2次印刷
开　本	889mm×1194mm　1/32
印　张	8.75
字　数	180千字

ISBN 978-7-5683-0770-3

定价：25.00 元

本书如有印装质量问题，请与本社联系

目　录

大力发展"淳六味"道地药材

践行绿水青山就是金山银山

一、淳安县发展中药材的现实意义 …………………001

二、淳安县发展中药材产业的基础条件 …………………003

三、淳安县发展中药材产业的制约因素 …………………005

四、淳安县现有中药材产业区域布局和发展方向 ……006

五、淳安县中药材产业今后发展思路 …………………008

淳安县临岐镇中药材产业概况和发展前景

一、基本情况 …………………………………014

二、产业机遇 …………………………………015

三、产业基础 …………………………………017

四、产业现状 …………………………………018

五、产业展望 …………………………………022

山茱萸栽培管理绿色生产技术

一、基本信息 …………………………………024

二、形态特征 ·········· 026

三、产地环境 ·········· 027

四、栽培技术 ·········· 028

掌叶覆盆子栽培管理生产技术

一、基本情况 ·········· 042

二、形态特征 ·········· 044

三、生长环境 ·········· 045

四、药用价值 ·········· 045

五、覆盆子的故事 ·········· 048

六、生产技术 ·········· 048

前胡栽培管理生产技术

一、形态特征 ·········· 056

二、生长环境 ·········· 057

三、药用价值 ·········· 058

四、白花前胡和紫花前胡的区别 ·········· 059

五、白花前胡的故事 ·········· 060

六、生产技术 ·········· 061

多花黄精栽培管理生产技术

一、形态特征 ·········· 069

二、生长环境 ……………………………… 071

三、药用价值 ……………………………… 071

四、多花黄精的故事 ……………………… 074

五、生产技术 ……………………………… 075

华重楼栽培管理生产技术

一、生物学特性 …………………………… 083

二、繁育技术 ……………………………… 083

三、栽培技术 ……………………………… 086

四、采收与加工 …………………………… 090

五、质量标准 ……………………………… 091

三叶青栽培管理生产技术

一、生物学特性 …………………………… 093

二、基地选择 ……………………………… 093

三、扦插育苗 ……………………………… 093

四、栽培管理 ……………………………… 094

五、病虫害防治 …………………………… 096

六、收获与产地初加工 …………………… 100

七、贮藏与运输 …………………………… 100

淳木瓜栽培管理生产技术

一、基本情况 …………………………………………… 101

二、形态特征 …………………………………………… 104

三、药用价值 …………………………………………… 105

四、生产技术 …………………………………………… 106

半夏栽培管理生产技术

一、人文故事 …………………………………………… 113

二、形态特征 …………………………………………… 114

三、生长环境 …………………………………………… 115

四、主要价值 …………………………………………… 117

五、生产技术 …………………………………………… 118

六、采收加工 …………………………………………… 124

白及栽培管理生产技术

一、基本情况 …………………………………………… 128

二、形态特征 …………………………………………… 129

三、生长环境 …………………………………………… 131

四、价值应用 …………………………………………… 131

五、生产技术 …………………………………………… 132

贡菊栽培管理生产技术

一、基本情况 …………………………………… 140

二、产地环境 …………………………………… 141

三、栽培技术 …………………………………… 141

博落回栽培管理生产技术

一、基本情况 …………………………………… 154

二、生长习性 …………………………………… 154

三、功效 ………………………………………… 155

四、种植技术 …………………………………… 155

粉防己栽培管理生产技术

一、选地、整地 ………………………………… 159

二、繁殖方法 …………………………………… 159

三、田间管理 …………………………………… 161

四、采收加工 …………………………………… 162

五、结束语 ……………………………………… 163

石菖蒲栽培管理生产技术

一、石菖蒲简介 ………………………………… 164

二、生物学特性 ………………………………… 164

三、石菖蒲的主要用途与年需求量 ……………… 165

四、石菖蒲资源逐年减少，库存薄弱，家种刚刚起步 … 166

五、市场分析 ………………………………………… 167

六、效益分析 ………………………………………… 167

七、栽培技术 ………………………………………… 168

吴茱萸栽培管理生产技术

一、形态特征 ………………………………………… 169

二、生产习性 ………………………………………… 170

三、种植技术 ………………………………………… 170

四、栽培管理 ………………………………………… 171

五、收获与加工 ……………………………………… 174

六、药材形状 ………………………………………… 174

射干栽培管理生产技术

一、形态特征 ………………………………………… 175

二、生长环境 ………………………………………… 176

三、种植技术 ………………………………………… 176

四、栽培管理 ………………………………………… 178

五、收获与加工 ……………………………………… 180

六、药材形状 ………………………………………… 180

何首乌栽培管理生产技术

一、人文故事 ……… 181

二、形态特征 ……… 182

三、繁殖方法 ……… 183

四、种植技术 ……… 185

五、田间管理 ……… 186

六、采收加工 ……… 188

黄栀子栽培管理生产技术

一、历史故事 ……… 189

二、形态特征 ……… 190

三、生长习性 ……… 191

四、栽培技术 ……… 191

五、栀子采收与加工 ……… 199

车前草栽培管理生产技术

一、基本情况 ……… 201

二、形态特征 ……… 202

三、生长环境 ……… 203

四、主要价值和发展前景 ……… 204

五、栽培技术 ……… 205

六、采收利用 ⋯⋯⋯⋯⋯⋯⋯⋯⋯⋯⋯⋯⋯ 208

七、车前草种植的注意事项 ⋯⋯⋯⋯⋯⋯ 209

铁皮石斛栽培管理生产技术

一、形态学特征 ⋯⋯⋯⋯⋯⋯⋯⋯⋯⋯⋯ 211

二、生长环境 ⋯⋯⋯⋯⋯⋯⋯⋯⋯⋯⋯⋯ 212

三、主要用途 ⋯⋯⋯⋯⋯⋯⋯⋯⋯⋯⋯⋯ 213

四、主要成分 ⋯⋯⋯⋯⋯⋯⋯⋯⋯⋯⋯⋯ 215

五、生产技术 ⋯⋯⋯⋯⋯⋯⋯⋯⋯⋯⋯⋯ 215

六、采收加工 ⋯⋯⋯⋯⋯⋯⋯⋯⋯⋯⋯⋯ 221

七、石斛食用 ⋯⋯⋯⋯⋯⋯⋯⋯⋯⋯⋯⋯ 222

天南星栽培管理生产技术

一、基本情况 ⋯⋯⋯⋯⋯⋯⋯⋯⋯⋯⋯⋯ 224

二、形态学特征 ⋯⋯⋯⋯⋯⋯⋯⋯⋯⋯⋯ 225

三、生长环境 ⋯⋯⋯⋯⋯⋯⋯⋯⋯⋯⋯⋯ 226

四、繁殖方式 ⋯⋯⋯⋯⋯⋯⋯⋯⋯⋯⋯⋯ 227

五、栽培技术 ⋯⋯⋯⋯⋯⋯⋯⋯⋯⋯⋯⋯ 228

六、病虫防治 ⋯⋯⋯⋯⋯⋯⋯⋯⋯⋯⋯⋯ 229

七、采收 ⋯⋯⋯⋯⋯⋯⋯⋯⋯⋯⋯⋯⋯⋯ 231

杭白芍栽培管理生产技术

一、人文历史 ……………………… 232

二、形态特征 ……………………… 234

三、生长环境 ……………………… 236

四、栽培技术 ……………………… 238

山核桃林下套种多花黄精生产技术

一、山核桃和多花黄精的基本情况 ……………… 250

二、山核桃和黄精的生长习性互补 ……………… 251

三、试验效益情况 ……………………… 252

四、生产技术 ……………………… 253

淳安山茱萸适宜生长的气候条件及灾害指标研究

一、山茱萸栽培适宜的气候条件 ……………… 258

二、淳安适宜山茱萸生长区域分析 ……………… 260

三、淳安县农业气候资源特点 ……………… 260

四、生育期内主要气象灾害及指标 ……………… 262

五、主要气象灾害防御措施及生产管理 ……………… 263

大力发展"淳六味"道地药材
践行绿水青山就是金山银山

郑平汉　张　薇

中医药是中华民族的瑰宝，是我国各族人民在长期生产生活和同疾病做斗争中逐步形成并不断丰富发展的医学科学，是中华民族优秀传统文化的重要组成部分，对世界文明进步产生了积极影响。国家非常重视中医药发展，2017年7月1日起正式施行了《中华人民共和国中医药法》。中药材是中医药事业传承发展的重要基础，是关系国计民生的战略性资源，药材好，药才好。浙江省是我国十大道地药材产区之一，中药产业被列为我省十大历史经典产业之一，省政府制定了《浙江省中药产业发展"十三五"规划》等规划，有力促进了浙江省中药产业的发展。

一、淳安县发展中药材的现实意义

淳安县委、县政府十分支持中药材产业的发展，早在2003年中药材就被列入淳安县五大特色优势产业之一，2015年把中药材产业列入淳安县特色产业，2017年把中药材产业列入淳安县主导产业。在县委、县政府的高度重视和支持下，淳安县中药材产业取得了长足发展。促进中药材产业发展，对于加快传统农业发展方式转变，保护生态环境，增加农民收入，壮大农村集体经济，助推淳安县经济和生态文明建设等均具有十分重要的意义。

（一）发展中药材产业是淳安山区农民致富的需要

在不破坏生态环境的前提下，充分利用现有山地资源，按照中药材道地性划定合理种植区域，开展林源药材仿野生种植，促进中药材适度规模经营，有效增加农民收入来源，壮大农村集体经济，为确保淳安农村居民人均收入达到高水平全面小康标准提供支持。

（二）发展中药材产业是实现绿色发展的需求

践行绿水青山就是金山银山的理念，积极推进生态文明建设。通过推广"肥药双控""绿色防控"等环境友好型中药材生态种植技术和规范化生产技术，形成中药材绿色发展方式。同时中药材绿色发展方式的建立，对统筹全县山水林田湖的合理开发利用、保护千岛湖生态环境、实现经济生态化和生态经济化的良性循环等都具有重要意义。

（三）发展中药材产业是发展大健康产业的需求

通过发挥淳安县中药资源和生态环境优势，充分挖掘中药产业的保健养生功能，拓展保健养生、健康食品等新产业领域，延长产业链，促进一、二、三产融合发展和农民就业创业，拓宽增收渠道。结合淳安优质旅游资源和生态环境，以中药产业带动休闲养生旅游的升级和品牌塑造，实现健康产业与休闲旅游产业完美融合，助推康美千岛湖建设。

二、淳安县发展中药材产业的基础条件

（一）交易市场正式启航

淳安县拥有浙西最大的中药材交易市场，该市场位于中药材传统产区临岐镇，集商铺、仓储、展销、电商于一体，于2017年3月投入使用，并成功举办了中国浙西（千岛湖）首届中药材交易博览会，这也标志着打造浙西"中药名镇"正式"启航"，目前，市场年交易额近3亿元。

（二）中药资源丰富

淳安县植被属中亚热带常绿阔叶林北部亚地带，森林覆盖率达75.21%，生物种类繁多、资源丰富。据普查，全县具有药用价值的动植物有1677种，其中植物类1510种，动物类167种，现已开发利用的有420多种，药材主要有山茱萸、木瓜、黄精和前胡等，受国家保护的植物有银杏和南方红豆杉等18种。

（三）中药材种植历史悠久

据史料记载，早在2000多年前的汉代，临岐一带就盛产山茱萸，淳安产山茱萸历史上以"淳萸肉"著称于道地药材行业，"淳萸肉"肉厚质柔，历代医家认为质量最好；淳安种植木瓜历史悠久，所产木瓜果实个大、质地醇厚、清香可口，"淳木瓜"素有道地药材之称；据文献记载，淳安在唐代就有白花前胡药材；据宋·苏颂《本草图经》记载："覆盆子旧不著所出州土""今并处处有之""而吴地尤多"，淳安旧属吴地；淳安产黄精多为姜形黄精，质量佳。经过充分调研，淳安

将"山茱萸、覆盆子、前胡、黄精、重楼、三叶青"道地药材命名为"淳六味",作为淳安重点发展品种,目前"淳六味"已初步形成规模和品牌。

（四）中药材种植初具规模

据2018年调查统计,全县种植的中药材品种有50余种,种植面积12.056万亩①,产量6965t,总产值4.34亿元。种植面积比较大的中药材有山茱萸、覆盆子、前胡和黄精等。至2018年年底,全县共制定了13个省市县级无公害中药材地方标准或规范化生产技术规程。

（五）旅游产业发达

淳安千岛湖5A景区是继西湖之后,杭州地区第二个荣获5A级的旅游景区。2012年,淳安提出"全县景区化"战略,旅游发展空间从千岛湖湖区向乡村延伸;2014年,环湖绿道全线贯通,接待游客突破1000多万人。"十二五"期间,淳安经济实现了从"二三一"到"三二一"的历史性跨越。旅游业已经成长为淳安最大的支柱产业。

（六）扶持政策给力

淳安县委、县政府非常重视全县中药材生产,淳安县人民政府出台了《关于进一步促进生态农业产业发展的实施意见》（淳政发〔2017〕15号）、《淳安县人民政府办公室关于扶持林下种植业发展的若干意见》（淳政办发〔2017〕21号）等一系列扶持政策,把中药材产业列入淳安县主导产业。

---

① 1亩≈667㎡,全书同。

三、淳安县发展中药材产业的制约因素

淳安县虽然是中药材资源大县和生产大县，中药材品种多，种植历史悠久，种植面积大，药材道地性强，但与国家级中药材强县相比，尚存在不少制约因素。

（一）中药材产业三产融合有待进一步提高

全县中药材产业发展水平仍然较低，中高端产业支撑能力相对不足，主要表现为：淳安中药材产业以中药材种植业为主，种植经营规模普遍偏小，集约化程度偏低；中药材深加工企业和制药企业少，中医药产业的中高端产业链还未形成；中药材和中医药产业区域品牌知名度不高；药旅融合和健康养生等大健康产业发展还处于起步阶段。

（二）现代市场流通体系还需要进一步完善

临岐中药材交易市场基本处于"小、散"的状态，引进的药企尚未进入正式运营阶段；仓储设施不完善，未建立专业化仓库；中药材初加工与包装技术落后，不便储存与信息化管理；中药材物流集约化、规模化程度较低，物流成本高；储存养护技术落后，质量检测体系不完善，中药材质量得不到保障。

（三）科技创新和人才培养有待进一步加强

缺乏大专院校和高水平科研院所，缺乏吸引高端人才的研发平台，缺少高层次科研人员。基层人才缺乏，特别是种植、销售和产地初加工等一线实用技术人才；中药材产业人才培训工作未系统化，中高端产业技术培训活动和高层次产业技术交流等活动较少。

（四）野生资源保护和可持续发展有待进一步加强

据第四次全国中药资源普查，与第三次普查相比，淳安县中药资源品种数量和蕴藏量有所减少，特别是价格涨幅比较大的野生中药材。野生资源过度采挖，重采挖，轻保护，野生资源种类和蕴藏量不断减少，一些野生中药材品种如重楼和千层塔等已十分罕见，道地药材种质资源流失现象严重。野生中药材驯化种植技术研究不足，一些关键技术还需进行科技攻关。

四、淳安县现有中药材产业区域布局和发展方向

根据各地的自然条件、区域资源优势和传统种植习惯，各乡镇因地制宜，合理布局，以生产优质中药材为首要目标，优先发展道地药材，保证中药材质量，同时积极发展大宗药材，积极引进适宜新兴品种。积极推进规模化规范化生产，培育特色优势中药材，初步形成具有区域特色的名优中药材产业区。

（一）东北部产区

包括临岐镇、瑶山乡、屏门乡、王阜乡、威坪镇和左口乡等。

主导品种：山茱萸、前胡、覆盆子、黄精、三叶青和重楼等。

重点发展品种：前胡、黄精、金紫尖菊花等。

其他品种：桑黄、白及、浙贝母、旱半夏、刘寄奴、杭白芍、射干、杜仲和厚朴等。

发展方向：主要发展"淳六味"等道地药材，通过推广规范化种植技术，提高中药材产量和质量；同时发展白及等特色中药材和名贵中药材；山茱萸要加强田间管理，通过垦抚、培管、修剪、更新等措施提高产量和质量。发展经济林下套种

前胡、黄精、三叶青和重楼等种植模式，禁止在坡度大于25°和大量喷施除草剂与其他农药的林下种植中药材。结合退耕还林，在适宜山区发展杜仲和厚朴等木本药材。

（二）中部产区

包括千岛湖镇、界首乡、金峰乡、安阳乡、石林镇和姜家镇靠近湖区部分区域等。

主导品种：黄精、铁皮石斛、重楼。

重点发展品种：黄精、浙贝母。

其他品种：白及、西红花、青皮、陈皮和代代等。

发展方向：该区域重点发展经济效益比较高的名贵中药材，部分中药材可利用大棚设施进行栽培。

（三）西南部产区

包括枫树岭镇、大墅镇、汾口镇、浪川乡、中洲镇和梓桐镇等。

主导品种：菊花、栀子、黄精、浙贝母。

重点发展品种：黄精、菊花、浙贝母。

其他品种：薄荷、紫锥菊、覆盆子、前胡、元胡、红豆杉、天麻、重楼、白及、三叶青、杭白芍、鸢尾、杜仲和厚朴等。

发展方向：在粮食种植区，实行粮药合理轮作，水稻与浙贝母、元胡等一年生药材合理轮作；发展毛竹林下套种黄精、三叶青和重楼，桑树林下套种浙贝母等种植模式，禁止在坡度大于25°和大量喷施除草剂与其他农药的林下种植中药材。在旅游区，发展观赏型中药材及覆盆子等鲜果采摘中药材；在山区，结合退耕还林，可以适当发展红豆杉、杜仲和厚朴等木本药材。

要进一步发挥淳安县的自然生态环境优势、道地药材资源优势、药材市场集散优势，进一步明确全县中药材产业发展方向、产业布局、区域布局、主要任务，培育农村集体经济新的经济增长点等，增加农民收入。

五、淳安县中药材产业今后发展思路

（一）提升优质中药材保护和生产水平

1. 加强野生资源保护，建立种质资源圃

结合第四次全国中药资源普查，进一步摸清淳安中药资源家底，调查重点药用植物的蕴藏量。加强对蕴藏量少但市场用量大的野生药材进行人工繁殖和种植，建立种植基地。推进药用植物种质资源圃建设，收集"淳六味"、特色珍稀药材等种质资源，引进育成的中药材新品种。

2. 实施优良种子种苗工程，提高良种率

制定覆盆子、前胡和黄精等种子种苗标准，加快淳安道地药材良种繁育技术示范与推广。建立前胡、覆盆子、黄精等良种繁育基地，大力推广应用新品种，提高优良种子种苗覆盖率。

3. 建立示范基地，逐步实现规范化生产

大力推进前胡、覆盆子、山茱萸、黄精等大宗和道地药材生产基地建设，建立一批中药材示范基地。在大宗药材主产区，依托县农（林）业局技术推广中心，推广规范化种植技术，建立健全中药材规范化基地运作机制。加快培育特色优势中药材和乡镇，如临岐的覆盆子和前胡等。鼓励企业（经营

户）在中药材主产区建立中药材种植基地，吸引大型制药企业来淳安建立中药材原料生产基地。

（二）加快培育"淳"字号中药材品牌

1. 完善中药材标准体系

加快道地药材良种繁育技术研究与繁育基地建设，制定中药材种子种苗质量标准；加快规范化种植技术规程和产地加工技术规程的制定与推广，进一步开展淳安道地药材质量标准的制定与修定，提高淳安道地药材的质量和知名度。

2. 提升淳安道地药材传统优势

开展山茱萸、覆盆子等淳安道地药材农产品地理标志申报工作，打响中药材区域通用"淳"字号品牌。根据新"浙八味"评选要求和道地药材标准，开展淳安道地药材历史沿革信息考证以及质量、遗传特征、生境特征、栽培技术、采收和产地加工技术等信息整理。注重中药质量安全，加快推进中药材安全适用农药和其他投入品的登记及监管工作，强化中药材种植过程中农药安全使用技术规程。

3. 加快临岐中药（材）特色小镇建设

以建设中药（材）特色小镇为导向，加大招商引资力度，加快第二产业发展，特别是高新技术产业，积极培育第三产业，加快临岐中药产业发展，生态旅居配套功能逐步完善，打造成"产、城、人、文"四位一体的新型中药强镇。

（三）加快中药材技术创新体系建设

1. 提高企业研发技术水平

通过购置先进仪器设备、与科研院所合作引进先进生产技术、引进高级管理人员提高企业管理水平，提高企业研发技术水平。中药材产地加工企业，通过提高中药材加工技术，提高中药材质量和稳定性。

2. 濒危稀缺中药材快繁技术研究

综合运用组织培养等现代生物技术与传统繁育方法，开发重楼、黄精等濒危稀缺中药材优良种子种苗快繁技术，建立良种繁育基地。

3. 现代化生产技术研究

集成应用"肥药双控、绿色防控、高效生产模式栽培、产地精深加工、全程质量控制"等技术体系，制定规范化操作规程，建立示范基地。积极研究及示范推广"粮-药""林-药""桑-药"等高效循环生产模式，提高土地利用率。

（四）构建中药材质量保障体系

1. 加强中药材质量检测

在临岐中药材交易市场建立中药材质量检测中心，完善中药材质量检测体系，提高中药材质量快速检测能力。加大对全县中药材生产基地生产的中药材、临岐交易市场经销的中药材、中药材生产企业使用的原料中药材和中药饮片的抽样检验力度。

2. 加强中药材生产全过程可追溯性

推进全县中药材示范基地信息体系的应用，提升中药材生产质量管理水平。严格实施《药品质量管理规范》，提高临岐中药材交易市场内中药材经营、仓储、运输等流通环节的质量保障水平。采用现代信息技术，探索山茱萸、前胡等淳安道地药材的全过程追溯体系。

（五）培育中药工业体系

1. 培育龙头加工企业

坚持把培育龙头企业作为增强中药产业发展后劲的重要举措。规划建立中医药产业园，尽快出台中药产业负面清单，加大招商引资力度，引进或培育一批高新技术企业和中药制药企业等，使淳安在中成药和保健品等产品开发上有新的突破。

2. 扶持和改造一批中药材加工企业

创办一个县级中药材加工工业园，积极鼓励企业或个人在工业园内创办中药材加工企业。在中药材种植面积比较大、传统基础好的乡镇建立规范化的初加工厂，包括菊花、金紫尖菊和黄精等中药材加工厂。

3. 推进中药类保健品开发

充分发挥淳安铁皮石斛、山茱萸、覆盆子和黄精等药食同源药材和药用菌类资源等优势，加快具有广阔市场前景的中药功能性食品的研发。运用先进的加工技术，研究开发中药功能性食品。鼓励药膳开发，与生态旅游相结合，开发药膳系列产品，加强宣传，做大做强康美产业，提高产品附加值。

（六）发展现代服务体系

1. 完善临岐交易市场，发挥临岐示范作用

配套完善临岐交易市场硬件，完善仓储设施、冷藏设备、质量检验、电子商务、追溯管理体系、市场信息系统和现代物流配送等。

探索"互联网+中药材"新型商业模式，鼓励引导企业依托

网络平台和新一代信息技术，加快物流、信息流和资金流；依托中药材协会，加强中药材市场信息的发布、预测和预警等，定期邀请专家召开中药材市场信息讲座，让种植户和经营户及时了解市场信息。依托产业协会，构建面对全县中药材种植户的高效、快捷的现代中药材流通体系。

举办中药材交易博览会和千岛湖中药材产业发展高峰论坛，及时发布淳安县中药材产业发展情况和对外招商引资项目，邀请领导和专家学者来淳安，为淳安中药材产业献计献策，邀请各大药厂和药商前来参观，吸引企业来淳安投资兴业。

2. 推动新安医药文化与药旅养融合

加快中医药文化养生旅游示范基地建设，各乡镇结合当地实际情况，鼓励有关企业自愿申报。申报单位对照《浙江省中医药文化养生旅游示范基地评定办法》，向淳安县旅游局提出申请，按要求提交有关申报材料。各地要将中医药文化养生旅游示范基地项目建设用地纳入土地利用总体规划、城乡建设规划统筹考虑，优先保障，享受相关政策。

建设中草药百草园，集中药材种质资源圃、中药材科技培训、中药材生产示范区、中药材旅游观光园等。收集种质资源，建成浙西规模最大的中药材展示园，园区每年从5月到10月，花开不断。每个中药材品种区设置学习标识牌，游客可以学习药材的性味、药用部位、药用价值等，百草园成为淳安县中小学科普教育基地。

临岐中药材市场以"三星级"为标准进行改造提升，建成药膳小吃一条街、参茸名贵中药材和保健品一条街等主题旅游项目，吸引游客前来参观和购物。

建设集科普教育、会议会展、名医坐诊等为一体的中医药展览馆。从中药养生方面出发，打造"中药材美丽、韵味、养生庭院"的药膳馆和民宿。

选择药用植物资源较为丰富的山谷，开发中药寻源、养身保健和登山露营等旅游项目。培育发展体验中药材种植业、医疗健康等康美延伸产业，在旅游风景区和环湖道路边种植观赏型和采摘型中药材，举办菊花和杭白芍等中药材观赏节以及覆盆子等中药材采摘节，5月、6月，不同花色的芍药、栀子花竞相绽放、花香四溢；10月和11月，菊花（菊海）飘香、馨香怡人；5月，采摘药食同源的覆盆子果实；11月，品鉴经九蒸九晒传统方法加工而成的药食两用黄精。

加快药食两用中药材的精深加工，丰富旅游产品，重点开发以药食两用药材为原料的旅游产品，如黄精经九蒸九晒后加工成可直接食用且有保健作用的食品，菊花可加工成小包装高档胎菊、幼菊饮品。

（七）实施一批重点项目

围绕淳安县中药产业发展目标和主要任务，针对现存的主要问题和发展瓶颈，组织实施一批重点项目，开展关键技术重点科技攻关，包括资源保护与开发利用、良种繁育、新品种引进、规范化种植技术研究与规程制定、中药材质量提高关键技术研究、新产品开发、中药加工企业升级改造与中药材交易市场提升等，全面提升淳安中药材产业创新发展水平和综合竞争力。

淳安县临岐镇中药材产业概况和发展前景

汪利梅　郑平汉　陈颖君

一、基本情况

淳安县位于浙江省西部，地处北纬29°11′～30°02′，东经118°20′～119°20′范围内，是著名国家级风景区千岛湖所在地，面积4427 km²，是浙江省面积最大的县。属中亚热带季风气候，温暖湿润，雨量充沛，四季分明。境内山峦连绵、群峰叠起，历史上有"千峰郡"之美称，非常适合中药材的生长种植，是浙江省中药材主产区之一。

淳安县中药材品种资源丰富，生产历史悠久。据普查，全县具有药用价值的动植物有1677种，其中植物类1510种，动物类167种。尤其是临岐镇，作为千岛湖形成后唯一未被淹没的建制古镇，境内的野生中药材资源种类尤为丰富。

目前全县中药材种植面积达10万余亩，从事中药材种植农户2万余户，种植品种30余个，产值超过5亿元，其中以掌叶覆盆子、山茱萸、白花前胡、多花黄精、三叶青、重楼等为核心的"淳六味"道地药材品种种植最广，特别是以淳北临岐镇为中心的中药材产业带，无论是种植面积还是产量，均占全县总量的60%以上，掌叶覆盆子的交易量更是达到了全国的50%，白花前胡的价格是全国前胡市场的风向标。

近年来，临岐镇立足特色产业资源，发挥良好的生态环境优势，充分利用千岛湖生态品牌优势，以"特色主导，三产融合"为主攻方向，发掘新安医药文化，积极打造中药材特色小镇，打响了"百草临岐·中药名镇"的镇域品牌。临岐镇先后被评为"浙江省山茱萸之乡""浙江省卫生镇""浙江省生态镇""浙江省中药材之乡""中药材特色农业强镇"。临岐在中药材产业发展之路上不断进步，符合生态经济、富农增收、乡村振兴的发展战略。

二、产业机遇

临岐的中医药产业具有天时地利人和的发展机遇。

1. 乡村振兴的大背景

十九大提出乡村振兴战略，给"三农"工作带来很大的发展机遇。淳安县委书记黄海峰强调，淳安作为习总书记曾经的基层联系点，各级党组织要提高站位抓落实，以全国乡村振兴示范区为定位。临岐发展中药材产业，不仅踩准国家振兴中医药的步点，而且发展关键期又恰逢乡村振兴战略实施的有利时机。从近两年的实践成效来看，临岐中药材产业有效践行了"两山理论"，并且有力推动了我县的农业结构转型，开辟了农村富民增收的新渠道。2017年，仅覆盆子一项就带动农民人均增收超5000元。

2. 中药发展的机遇期

自2015年国家重点发展中医药事业以来,中药材产业如雨后春笋一样蓬勃而起,各地发展势如破竹,形成有力竞争。相比浙江省其他县市而言,无论在硬件建设、药材品牌还是营销宣传上,我县都抢占了发展制高点:①2017年,投资3800万元建成浙西首个中药材市场——中国千岛湖中药材交易市场,作为浙西唯一的中药材市场,全国各地的药商纷纷报名入驻,在开业当年,交易额达3亿多元,实现了开门红;②在掌叶覆盆子、白花前胡、山茱萸等道地药材的原产地理标志和国家地理标志证明商标申报上快人一步,"淳萸肉""淳前胡""淳半夏""淳覆子""淳木瓜"取得国家地理标志、证明商标,山茱萸和覆盆子分别获得有机产品认证和绿色产品认证,有效提升了"淳六味"道地药材品牌的影响力;③2018年,"淳六味"中的覆盆子、前胡、三叶青3味中药材被列入新"浙八味",肯定了淳安药材的道地性和优质性;④建成千岛湖369地产交易市场和冷库仓储等产业发展平台,吸引并汇聚了周边乡镇、县市的药农药商,逐渐形成了浙西、皖南和周边县市的药材交易、加工集聚中心。

3. 两高区位的大优势

未来两年临岐镇交通全线贯通,区位优势将全面凸显。2018年杭黄高铁淳安站出口至本镇15分钟,2019年燕山高速出口至本镇25分钟,330国道改建完工后从临岐至临安20分钟,至杭州1小时左右,彻底实现浙西北1小时交通经济圈。交通的改善将为今后产业集聚、人气集聚以及带动中药材一、二、三产全面融合创造根本性的有利条件，临岐将成为淳安两高时代最具产业支撑、最具发展潜力的"浙西明珠"。

三、产业基础

1. 种植历史悠久、文化底蕴深厚

淳安医药文化底蕴深厚，发源于新安江流域的新安医药文化，源远流长，延续至今。明清两代有据可查的名医就有37位，如明代"精研医道，医术高明，全活人甚众"的周望，清代著有《医通》40卷的沈国柱等。

临岐，传承和发扬了新安医药精髓，境内野生资源丰富，有着悠久的中药材种植传统，几味道地药材更是久负盛名，早在2000多年前的汉代，临岐一带就盛产山茱萸，《本草纲目》中记载的"淳萸肉"，指的就是淳安临岐一带的山茱萸；在吴越的《日华子诸家本草》里有关于淳安前胡的描述，书中记载"越、衢、婺、睦等处皆好，七、八月采。外黑里白。"这里的"睦"即指古淳安。宋代有"中医材为贡品"的记载，清顺治时期，萸肉已作为淳安县的名贵药材行销，乾隆时期还有"产地首推浙江淳安县。名淳木瓜，最佳……"的记载。各年的《遂安县志》里关于中医药的记载也能反映出"淳六味"等道地药材一直活跃在淳安医药发展之路上。

2. 资源种类丰富、药材道地品质佳

临岐中药材资源十分丰富，是传统中药材原产地之一。据资源普查，临岐镇现有常用药材400多种，占全县药用动植物资源的近1/4，其中药用植物270余种，动物药材70余种，矿物质及其他药材30余种，其中，山茱萸、覆盆子、前胡、黄精、重楼、三叶青等"淳六味"道地药材，在全国中药材市场已形成知名品牌。

临岐的中药材秉持了大山的朴质和千岛湖这一湾秀水的灵气，形成了一批品质优越的道地药材，在药界享有盛誉，也得到权威部门的认可：山茱萸、黄精已获得有机产品认证证书，掌叶覆盆子获得绿色产品认证。唯一入选《中华大药典》的掌状覆盆子的产量占全国的一半；作为全国前胡的三大产区之一，前胡的价格在全国中药材市场占有主导地位；临岐的白花前胡里甲素的有效成分含量为市场最高。

四、产业现状

1. 精准政府角色定位，推动产业发展

依托中药材特色产业，成立了淳安县中药材领导小组，在临岐镇特设中药材管理办公室，并配备专职工作人员。从产业定位、政策扶持等方面，以市场规律为引导，发挥政府的协调和指导作用，完善各项制度、标准，并对产业发展关键环节进行有效监督。

结合产业发展现状，编制中药材产业发展规划，制定并下发了《临岐镇中药材产业发展扶持奖励政策管理办法》《关于扶持林下种植业发展的若干意见》《临岐镇低收入农户种植前胡扶持政策管理办法》等产业发展相关政策。

2. 产业服务形式多样，健全安全体系

临岐镇因地制宜，形成多种中药材产业模式，全力推动

中药材产业快速发展，带动农民增收。一是2016年组织成立淳安县临岐中药材产业协会，浙江省中药材协会在临岐镇设立分站，协会成员和专家们会不定期地联合县、镇两级中药材办公室，组织各项中药材栽培技术培训和指导，规范种植，护航临岐中药材种植和管理。制定国家团体标准1个、省级中药材地方标准2个、市级地方标准2个、县级地方标准4个。二是成功引进淳安临瑶农业科技有限公司入驻工业园区，开展中药材产品电商化经营；成立杭州千岛湖淳六味农业发展有限公司，与成都中药材天地网和杭州昆汀电子商务有限公司合作，投资300万元建设中国千岛湖中药材线上交易平台，为中医药企业和中药种植农户提供信息传播、产销搭桥、药材流通、咨询培训为一体的综合性电子商务服务，目前已经初步成型，预计2019年5月份试运营。三是聘请浙江中医药大学、浙江中医药研究所等科研院所进行技术指导以及药材品质鉴定；通过服务外包，引进浙江绿城农科检测技术有限公司，负责对镇域范围内种植和交易的各类中药材进行统防统治服务，以及农药残留、重金属、土壤养分等检测服务，进一步完善临岐中药材品质保证网。

　　3. 一产种植规模化、规范化

　　目前，临岐镇通过"基地+农户、大户+农户、党员+农户、企业+农户"等模式全力推动中药材产业快速发展，其中以"山茱萸、掌叶覆盆子、黄精、白花前胡、三叶青、重楼"为代表的"淳六味"道地药材广泛种植，中药材种植面积已有5.5万余亩，其中山茱萸种植面积1.5万余亩；掌叶覆盆子移栽和抚育面积近2万亩；白花前胡以山地林地套种为主，面积近7000

亩；桑黄、三叶青、白及、黄精、浙贝、芍药、刘寄奴、石菖蒲等其他中药材种植面积1.2万余亩。百亩以上中药材种植示范基地10个，部分中药材基地项目兼具观光、科研、实践等功能，为康美养生产业提供了丰富的资源。同时积极带动了淳北瑶山、屏门等周边乡镇种植中药材近2万亩。

多形式地培育了一批药材种植和培育基地，如"企业+高校"模式：淳安一纯农业开发有限公司依托浙江中医药大学作为技术后盾，在溪口村建立白及项目合作基地；杭州通源生物科技有限公司与浙江林学院携手合作，在范村建立多花黄精栽培基地，由林学院提供种植培管以及新种培育等方面的技术指导。"干部+农户"模式：里口村、吴峰村、审岭脚村等村两委干部，发挥临岐镇山多林多的特点，利用黄精、前胡、重楼等中药材喜阴的特性，带头在山核桃林、毛竹林等经济林下套种中药材，以干部的先锋示范带动农户连片规模发展，推广立体农业，富民增收效应明显。以半夏村为例，全村1499人，除了全家外出的农户，户户种中药，家家有创收，2017年中药材产值2500万元，单项人均收入达16660元。

4. 二产配套全链式发展

在打造中药材品牌、建设种植示范基地的同时，对产业招商引资、大健康领域进行延伸。一是中国千岛湖中药材交易市场的建成使用，2017年3月16日开业运营当天，吸引了全国各地78家药企、药商进驻市场。5月份，市场迎来开业第一波交易高峰，掌叶覆盆子市场交易额超过1亿元，占全国交易量的一半，交易价格创历史新高。青果价格达到74元／kg，农民人均增收超5000元,"淳六味"道地药材呈现产销两旺的形势,并成为康美千岛湖养生旅游的重要窗口。二是市场开业以来,连续举办中国千岛湖中药材交易博览会、产业高峰论坛、覆盆子采摘节,来自全国各地的中医药大学的教授学者及浙江大学等院校的人文社科专家学者200余人,为千岛湖中药材产业发展及临岐镇创建"中药名镇"献计献策,为临岐镇中药材特色产业密集推广造势,做大做响产业影响力,打响了千岛湖道地中药材品牌。三是建设中药材仓储冷库、烘房等配套设施,实现产业精深加工全链式发展,为启动饮片厂项目打下坚实的基础。投资3000万元的浙江省中药材博物馆已经正式开放运营。

5. 三产有特色

临岐中药材产业发展之初就意识到中医药与传统文化传播相结合的重要性,一方面壮大中药材这一潜力巨大的经济资源,同时多方发掘中医药文化资源,建设新安医药文化长廊,优化中药文化产业结构,发展中医药健康旅游延伸,逐步形成中药产业链,提升中医药产业竞争力。

深入挖掘新安医药文化,精心策划打造临岐镇的"百草临岐·中药名镇"镇域品牌,在城镇提升、村庄建设、美丽庭院、民宿民居中巧妙融合中药元素,如利用灯箱、道旗、门牌、垃圾箱推广普及"淳六味"等中药元素;依托中药材产业和优越的自然环境,打造全县首个中医药养生特色村;在生态修复、公厕革命等项目中,以适宜的中药品种代替普通绿植,形成了中药材小镇的特色景观。

五、产业展望

1. 拉高发展格局，以更大担当推进主导产业

一是量质并举推动一产促增收。稳固现有种植面积，推进标准化种植，打造示范基地，并发动低收入农户种植中药材，把中药材作为助农增收的新渠道，2018年全镇中药材种植面积已达到6万亩以上。同时与浙江中医药大学、浙江省中药研究所全面开展科研合作，建立人才基地，开展技术指导，对前胡、重楼等重点品种开展技术攻关，继续推进覆盆子、山茱萸等品种的原产地理标志和地理商标申报，不断推进我县中药材产业发展的规范化和品牌化。二是整合项目拉动做大产业链。全力推动"省循环有机农业示范试点""一区一镇"项目建设，整合资金和平台，加快推进初加工园等基础配套建设，推动一、二、三产融合发展。并以东源港源为核心，实施梅口中药材观光园、金坑"中药谷"、五庄"岐妙上谷"、溪口中药材物流仓储初加工等项目，打造全县百源经济三产融合新亮点。三是做大区域带动形成示范区。以临岐为中心，以中药材市场和369地产交易市场为主平台，加强周边乡镇的政策、技术相互联动，推动"省中药材现代农业园区"等项目建设，打造以中药材为特色的淳北乡村振兴示范区。同时加快周边县市药材资源的集聚，做大市场交易量。

2. 做强产业平台，以更大活力推动镇域经济

一是优化平台实力。利用区位优势，加快临岐产业空间规划修编，依托中药材交易市场、369地产交易市场和中药材电商服务中心等三大中药材发展平台，配套规划完善仓储、物流、电商等一系列基础设施，力争年交易额达到4亿元以上。二是加大招商力度。坚持产业主导，与康美药业、太极医药等大型医药公司进行对接，计划新引进项目2个以上，完成招商引资到位资金1亿元以上，国税收入在同类乡镇中继续保持领先地位，全年电商销售额达到8000万元。

3. 坚持三产融合，以更高标准打造特色小镇

一是做好规划。以"一三五"计划为目标，高规格规划临岐中药材产业特色小镇，科学规划产业发展，布局小镇发展空间，为分步实施搭好框架。二是打造特色。利用社会资本建成浙江中药材博物馆，打造沙岭坞精品民宿集群和童心精品酒店项目，引进国企打造五庄精品民宿集群，继续打响"岐妙上谷"民宿村品牌，开发中医药养生、慢生活体验、药膳养生等系列产品，打造淳北养生之旅新地。三是做大宣传。以千岛湖中药材交易博览会、产业高峰论坛、覆盆子采摘节等为载体，做大产业影响，集聚产业资源，搭建招商平台。同时，与杭州西子国旅等知名旅行社合作，集合屏门九咆界、瑶山千亩田、湍口温泉资源推动淳北中医药养生之旅和中医药特色文化游。

山茱萸栽培管理绿色生产技术

郑平汉

山茱萸：其果肉称萸肉，又称药枣、红枣皮，为山茱萸科山茱萸属的珍贵木本药材，概述：本品为山茱萸科落叶小乔木，山茱萸的成熟果肉，俗名枣皮，供药用，味酸涩，性微温，为收敛性强壮药，有补肝肾止汗的功效。主产于浙江、安徽、河南、陕西、山东等地，以浙江淳安为道地，所产"淳萸肉"以其粒大、肉厚、质柔之品质，在中药市场上享有很高的声誉，被中国药典列为道地药材，是"淳六味"品种之一，淳安县临岐镇被授予"浙江省山茱萸之乡"称号，2019年2月，淳安县临岐中药材产业协会取得了"淳萸肉"国家地理标志证明商标。2018年淳安县山茱萸面积41500亩，产量1800 t，产值6200万元。

一、基本信息

山茱萸（*Cornus officinalis*）别称山萸肉、山芋肉、山于肉，是山茱萸科山茱萸属植物，分布于河南、浙江、陕西等地。

（一）主要价值

1. 药用：果肉内含有16种氨基酸以及大量人体所必需的营养物质，包括生理活性较强的皂苷原糖、多糖、苹果酸、酒石酸、酚类、树脂、鞣质和维生素A、维生素C等成分。其味酸涩，具有滋补、健胃、利尿、补肝肾、益气血等功效。主治血压高、腰膝酸痛、眩晕耳鸣、阳痿遗精、月经过多等症。

山茱萸的成熟干燥果实，去核后即为名贵药材山芋肉。果药入药，为收敛性补血剂及强壮剂；可健胃、补肝肾，治疗贫血、腰痛、神经及心脏衰弱等症。其性味酸涩，入肝、肾经。酸涩收敛，有滋肝补肾、固肾涩精的作用，适用于肝肾不足所致的腰膝酸软、遗精滑泄、眩晕耳鸣之症。

茱萸肉含有丰富的营养物质和功能成分，明代李时珍的《本草纲目》集历代医家应用山茱萸的经验，把山茱萸列为补血固精、补益肝肾、调气、补虚、明目和强身之药。

2.经济：以山茱萸为原料的绿色保健食品开发，可加工成饮料、果酱、蜜饯及罐头等多种食品。

3.观赏：山茱萸先开花后萌叶，秋季红果累累，绯红欲滴，艳丽悦目，为秋冬季观果佳品，应用于园林绿化很受欢迎，可在庭园、花坛内单植或片植，景观效果十分美丽。盆栽观果可达3个月之久，在花卉市场十分畅销。

（二）植物故事

据明代《嘉靖淳安县志》记载："山萸肉产邑北九都，十都，审岭者为地道。"审岭，即今审峰、瑶岭、白鹤岭一带，传说，审岭上古时住着一户山姓人家，有一女儿名珠玉，心地善良。一天见一只小鸟飞至她家，是只流血受腿伤的漂亮小白鹤，珠玉姑娘细心地给白鹤鸟擦干血包好伤，放在箩里养伤。原来是审岭上山后有一山魔对山珠玉姑娘垂涎三尺，欲来施暴，被白鹤鸟发现，啄瞎了山魔的眼睛，而它却被山魔咬伤了腿。白鹤鸟养好伤后，天天护卫着珠玉姑娘。山魔气得放出毒气熏坏珠玉，山珠玉中毒染病，卧床不起。白鹤鸟四处求药，飞啊飞，飞到东海蓬莱瀛洲，求观音施了一粒红仙丹，它含着飞了七天七夜回到审岭。不幸的是珠玉姑娘已气绝身亡，安葬在审岭上，白鹤鸟一头撞向坟头，嘴里的红仙丹掉在珠玉坟前，不久竟长出一棵树，后来竟结满红红的、密密的小红珠似的果实，白鹤鸟自己也化成一座山岭，守护着珠玉姑娘和这棵树。人们将这些红红的果实采回家、晒干，有病吃几颗，病竟痊愈精神爽，而且百病百灵。因树长在珠玉坟前，人们就将这种果实称为"山珠玉"，因红果像小枣也叫红枣皮，因有治病功效，后来当地人就采种遍种整个审岭、瑶岭、白鹤岭山坡，所以县志记载"山萸肉产邑北九都，十都，审岭者为地道"。当今，十都红枣皮果大肉厚，富有弹性，中药行业素有"淳萸肉"之称，广受业界好评。

二、形态特征

落叶乔木或灌木，高4～10 m；树皮灰褐色；小枝细圆柱形，无毛或稀被贴生短柔毛；冬芽顶生及腋生，卵形至披针形，被黄褐色短柔毛。叶对生，纸质，卵状披针形或卵状椭圆形，长5.5～10 cm，宽2.5～4.5 cm，先端渐尖，基部宽楔形或近于圆形，全缘，上面绿色，无毛，下面浅绿色，稀被白色贴生短柔毛，脉腋密生淡褐色丛毛，中脉在上面明显，下面凸起，近于无毛，侧脉6～7对，弓形内弯；叶柄细圆柱形，长0.6～1.2 cm，上面有浅沟，下面圆形，稍被贴生疏柔毛。

伞形花序生于枝侧，有总苞片4，卵形，厚纸质至革质，长约8 mm，带紫色，两侧略被短柔毛，开花后脱落；总花梗粗壮，长约2 mm，微被灰色短柔毛；花小，两性，先叶开放；花萼裂片4，阔三角形，与花盘等长或稍长，长约0.6 mm，无毛；花瓣4，舌状披针形，长3.3 mm，黄色，向外反卷；雄蕊4，与花瓣互生，长1.8 mm，花丝钻形，花药椭圆形，2室；花盘垫状，无毛；子房下位，花托倒卵形，长约1 mm，密被贴生疏柔毛，花柱圆柱形，长1.5 mm，柱头截形；花梗纤细，长0.5～1 cm，密被疏柔毛。

核果长椭圆形，长1.2～1.7 cm，直径5～7 mm，红色至紫红色；核骨质，狭椭圆形，长约12 mm，有几条不整齐的肋纹。山茱萸属生长慢、寿命长的树种，其生长发育年周期为：3月中旬芽萌动，4月上旬开花，中下旬形成幼果，5月下旬为果实肥大生长期，体积增大很快，6～8月果实生长缓慢，9月初（个别树种可提前7～15天）又进入第2个旺盛生长期。果期10～11月。

三、产地环境

产于中国山西、陕西、甘肃、山东、江苏、浙江、安徽、江西、河南、湖南等省。朝鲜、日本也有分布。生于海拔

400～2100 m的林缘或森林中。在中国四川有引种栽培。山茱萸为暖温带阳性树种，生长适温为20～30℃，超过35℃则生长不良。抗寒性强，可耐短暂的-18℃低温，生长良好，山茱萸较耐阴但又喜充足的光照，通常在山坡中下部地段，阴坡、阳坡、谷地以及河两岸等地均生长良好，一般分布在海拔400～1800 m的区域，其中600～1300 m比较适宜。山茱萸宜栽于排水良好、富含有机质、肥沃的沙壤土中。黏土要混入适量河沙，增加排水及透气性能。

四、栽培技术

（一）种苗繁殖方法

1. 种子繁殖

（1）育地选择：育苗地要选择肥沃深厚、地势比较平整、土质疏松、背风向阳、有水浇条件的地方，以保证能随时灌水。播种前，育苗地一定要深耕细耙，整平、整细，保证疏松、细碎、平整、无树根、无石块瓦片，翻耕深度在20 cm以上，重要的是结合深耕施入沤制好的农家肥。

（2）种子准备：

种子采摘：选生长健壮、处于结果盛期、无大小年的浙江本地优良母树。于9～10月采摘完全成熟、粒大饱满、无病虫害、无损伤、色深红的果实。将采摘的果实除去果肉。

种子处理：种子处理的好坏直接关系到出苗率，非常关键。先将种子放到5%碱水中，用手搓5分钟，然后加开水烫，边倒开水边搅拌，直到开水将种子浸没为止。待水稍凉，再用手搓5分钟，用冷水泡24小时后，再将种子捞出摊在水泥地上晒8小时，如此反复最少3天，待有90%种壳有裂口，用湿沙与种子按4∶1混合后沙藏即可。经常喷水保湿，勤检查，以防种子发生霉烂，第2年春开坑取种即可播种。这种处理办法适合春播时采用。如果选择秋播只需用不低于70℃的温水将种子浸泡3天后即可播种（注意待水凉透后要及时更换热水），下种后用薄膜覆盖催芽。

（3）播种：春播育苗在春分前后进行，将头年秋天沙藏的种子挖出播种，播前在畦上按30 cm行距，开深5 cm左右的浅沟，将种子均匀撒入沟内，覆土3～4 cm，保持土壤湿润，40～50天可出苗。用种量90～150 kg / hm²。

（4）苗期管理：幼苗长出2片真叶时进行间苗，苗距7 cm，除杂草，6月上旬中耕，入冬前浇水1次，并给幼苗根部培土，以便安全越冬。

由于山茱萸种皮坚硬，不易发芽，不管是春播还是秋播，播种后都应及时用地膜覆盖以保温保湿。正常情况下幼苗1年便可出齐。齐苗后要加强管理，适时松土除草，视土壤墒情浇水，施肥促进幼苗生长，培育至苗高80～100 cm时，便可出圃定植。

2. 压条繁殖

秋季收果后或大地解冻芽萌动前，将近地面二、三年生枝条弯曲至地面，在近地面处将切至木质部1/3的枝条埋入已施腐熟厩肥的土中，上覆15 cm沙壤土，枝条先端露出地面。勤浇水，压条第2年冬或第3年春将已长根的压条与母株连接部分割断，将有根苗另地定植。

3. 扦插繁殖

于5月中下旬，在优良母株上剪取枝条，将木质化的枝条剪成长15～20 cm的扦条，枝条上部保留2～4片叶，插入腐殖土和细沙混匀所做的苗床，行株距为20 cm×8 cm、深12～16 cm，覆土12～16 cm，压实。浇足水，使插穗和土壤紧密接触，使插穗能吸收充足的水分，盖农用薄膜，保持气温26～30℃，相对湿度60%～80%，上部搭荫棚，透光度25%，6月中旬透光度调至10%避免强光照射。越冬前撤荫棚，浇足水。次年适当松土拔草，加强水肥管理，深秋冬初或翌年早春起苗定植。

4. 嫁接繁殖

山茱萸实生苗繁育难度大，繁育出的小苗定植后10年以上才能结果，而嫁接苗2～3年便可开花结果。采用嫁接苗可使山茱萸早结果，早获益。

（1）砧木选择：砧木宜采用自身良种实生苗。

（2）接穗：选择接穗要从产量高、生长健壮、无病虫害的优质母树上取用。采集接穗时要从树冠外围采集发育充实、芽体饱满的一年生枝条。

（3）嫁接时间：早春砧木开始发芽。在接穗芽刚萌动时（3月中下旬左右）用插皮接；7月中旬至8月中旬，砧木树皮容易剥离、接穗芽饱满时进行芽接。

（4）嫁接方法：

插皮接：首先选树皮光滑平整且接近地面5～10 cm的部位截断砧木上梢部，削平截口，在迎风面一侧用嫁接刀从上向下切一刀，长约3 cm，深达木质部，再用刀将接口的皮层撬开一裂缝；然后将接穗截成15 cm长。在主芽背面下侧削一片长3～5 cm的斜切面，过髓心，在削面两侧轻轻刮2刀露出形成层即可，把削好的接穗含入口中，保湿待用。接下来将接穗斜面靠里，尖端对着切缝，用手按紧砧木切口将接穗慢慢插入，再用嫁接刀轻敲接口，使其紧固，削面稍露出接口为宜；最后用塑料薄膜绑好接口。嫁接后及时抹除砧木上萌生的嫩芽。当接穗苗长到高50 cm时，将绑缚的塑料膜用小刀划开。

芽接：首先选成熟、健壮的接穗在上边取长2 cm、宽1.5 cm的芽。将砧木剪去顶梢，在距地面5～10 cm光滑部位用刀刻取与芽块大小相同的树皮。将待接芽块嵌入砧木取皮部位，然后用塑料膜绑严，但要露出接芽。嫁接7～10天后，接口愈合，可解开绑带，在芽上方5 cm处将主干截去。嫁接后，要及时抹去砧木上的萌芽，以促进苗木生长。

（二）苗木管理

1. 苗木质量

保持根系的完整性，不损伤根皮、顶芽，无检疫性病虫害；Ⅰ级苗地径≥0.8 cm，苗高≥80 cm；Ⅱ级苗0.6 cm≤地径＜0.8 cm，60 cm≤苗高＜80 cm。

2. 苗木出圃

用工具起苗，出圃需检验合格并出具苗木检验证书。

3. 起苗

每年11月份苗木落叶后至翌年2月底之间起苗，每50株扎成捆。长途运输应蘸泥浆、修枝并用塑料袋包扎根部。

4. 运输

起苗后及时装车启运，到目的地立即进行种植，如不能立即外运或栽植时，要进行假植，越冬假植要做好防冻保护和遮阴保湿。

（三）整地种植

1. 整地方式

采用块状或带状整地。块状整地在种植点周围100 cm×100 cm范围内挖除所有石块、树桩，整地深度30 cm以上。带状整地的带距3～4 m，带宽2 m。带间应保留自然植被，防止水土流失。

2. 挖穴规格

60 cm×60 cm×40 cm。

3. 种植密度

实生苗种植密度为株行距4 m×4 m或5 m，每亩30～40株。嫁接苗种植密度为株行距3 m×4 m，每亩50～55株。

4. 基肥

每穴施入经充分腐熟的农家肥10～20kg和钙镁磷肥0.25kg或商品有机肥5kg以上，表土回填踏实。

5. 种植时间

11月落叶后至翌年2月底树液流动前的休眠期。

6. 种植方法

种植前，适当修剪苗木根系，种植时扶正苗木，埋土至根际处，用手轻提苗木，使根系舒展，然后踏实，浇透定根水后再覆一层松土。

（四）园地管理

1. 除草

幼林期每年6～7月进行除草，将草覆盖在幼树基部四周，10月进行浅垦；成林后每年7月上旬旱季来临至采收前清除杂草，10月后逐年向树干外围深挖垦抚，范围稍大于树冠投影面积，恳出的石块依自然地形在树下围堰砌成水平带。

2. 施肥

（1）施肥时间：第1次在11月或翌年3月上中旬，第2次在6月上中旬。

（2）施肥种类：以施有机肥为主，有机复合肥1～1.5kg或施尿素和过磷酸钙各0.5kg、饼肥0.5kg。初花期用2.5%～3.5%的农用硼砂液涂干，盛花期用0.5%～1%的农用硼砂水和5～10mg／kg的2,4-D液混合喷雾2～3次保花保果。

（3）施肥方法：幼林期离幼树30 cm处沟施，成林后沿树冠投影线沟施。

3. 套种

（1）幼林套种：坡度平缓的幼林地或坡耕地可套种花生、豆类等具有固氮作用的经济作物，也可套种玉米等高秆植物，造成侧方庇荫，作物和山茱萸之间应保持100cm的距离。坡度较大的可套种黑麦草等绿肥。

（2）成林套种：成林后林下可套种前胡、黄精、重楼、白及等喜阴的草本或灌木类经济作物。

4. 整形修剪

（1）幼树整形：在每年的冬季或初春进行整形修剪，培养丛状形和自然开心形等高产树形。

（2）成林修剪：根据山茱萸的生产习性，剪去徒长枝、过密枝和病虫枝，对直立生长枝进行拉枝，对老枝、衰弱枝采取回缩、更新等技术措施，以达到高产稳产的合理树形。

5. 灌溉

在萌芽前、幼果膨大和新梢生长期、花芽分化期或干旱天气时做好引水、灌溉等抗旱保墒措施。

（五）病虫害防治

1. 主要病虫草害

主要病害有炭疽病、褐斑病和灰色膏药病等；主要虫害有绿尾大蚕蛾、大蓑蛾、蛀果蛾、木橑尺蠖等。

2. 防治原则

贯彻"绿色""有机"生产的原则，遵循"预防为主，综合防治"的植保方针，优先采用农业防治、物理防治、生物防治，合理使用高效低毒低残留化学农药，将有害生物危害控制在经济允许阈值内。

3. 防治措施

（1）农业防治：选用优良抗病种源和无病种苗，严格执行植物检疫制度，按标准生产。加强生产场地管理，清洁田园。合理密植与修剪，科学施肥与排灌。发病季节及时清除病株，集中销毁；秋末冬初刮树皮清除裂缝中的病虫害，冬季加强清园，用石灰水树干涂白。

（2）物理防治：采用杀虫灯或黑光灯、粘虫板引诱蛀果蛾、绿尾大蚕蛾、大蓑蛾等，利用糖醋酒加农药制成毒饵，诱杀害虫。

（3）生物防治：保护和利用天敌，控制虫害的发生和为害。应用有益微生物及其代谢产物防治病虫。

（4）化学防治：农药的使用按NY/T393的规定执行。根据防治对象，适期用药，最大限度地减少化学农药的施用量；合理选用已登记的农药或经农业、林业等研究或技术推广部门试验后推荐的高效、低毒、低残留的农药品种，轮换用药；优先使用植物源农药、矿物源农药及生物源农药。准确掌握药剂量和施药次数，选择适宜药械和施药方法，严格执行安全间隔期，禁止使用除草剂及高毒、高残留农药。

4. 主要病虫害及防治方法

（1）角斑病：

为害症状：主要为害叶片，引起早期叶片枯萎，形成大量落叶，树势早衰，幼树挂果推迟。该病在新老园地均有发生，在山区调查，重病园地被害株率高达90%以上，叶片受害率在77%左右，分布广、为害大。病斑因受叶脉限制形成多角形，降雨量多，则为害严重，落叶后相继落果，凡土质不好、干旱贫瘠、营养不良的树易感病，而发育旺盛的则比较抗病。

防治方法：①加强经营管理，增强树势，提高抗病能力；②春季发芽前清除树下落叶，减少侵染来源，6月开始，每月喷洒1∶1∶100波尔多液1次，共喷3次，也可喷洒400～500倍代森锌；③培育抗病品种。

（2）炭疽病：

为害症状：主要为害果实，6月中旬就有黑果和半黑果的发生，产区群众称为"黑疤痢"。新老园地均有不同程度的出现，果实被害率为29.2%～50%，重者可达80%以上。果实感病后，初为褐色斑点，大小不等，再扩展为圆形或椭圆形，呈不规则大块黑斑。感病部位下陷，逐步坏死，失水而变为黑褐色枯斑，严重的形成僵果脱落或不脱落。病菌在果实的病组织内越冬，翌年环境条件适宜时，由风、雨传播为害果实而感病。病害的严重程度与种植密度、地势与地形有关，树荫下、潮湿排水不良、通风透光差的条件下发病重，一般7～8月多雨高温为发病盛期。

防治方法：①秋季果实采收后，及时剪除病枝、摘除病果，集中深埋，冬季将枯枝落叶、病残体烧毁，减少越冬菌源；②选育抗病品种，增施磷钾肥，提高植株抗病力；③加强田间管理，适时修剪、浇水、施肥，促进生长健壮，增强抗病力；④苗木运输过程中加强检疫，防止将病菌带入；⑤在发病前或发病初期，用50%咪鲜胺乳油1000～1500倍液在发生初期喷雾使用，或250g／L嘧菌酯悬浮剂1000～1200倍液喷雾使用。⑥栽种前，用0.2%的抗菌剂401浸泡24小时，以保证苗木健壮。

（3）白粉病：

为害症状：主要为害叶片，叶片患病后，自尖端向内逐渐失去绿色，正面变成灰褐色或淡黄色褐斑，背面生有白粉状病斑，以后散生褐色至黑色小黑粒，最后干枯死亡。

防治方法：①合理密植，使林间通风透光，促使植株健壮；②在发病初期，喷50%的托布津1000倍液。

（4）灰色膏药病：

为害症状：该病主要为害枝干。在皮层上形成圆形、椭圆形或不规则形厚膜，形似膏药，因此称之为灰色膏药病。在成年植株上发生，通常活枝和死枝都能受害。受害后，树势减弱，甚至枯死。

防治方法：①培养实生苗，砍去有膏药病的老树，合理更新；②用刀刮去病菌膜，枝干上涂刷石灰乳或喷5波美度的石硫合剂进行保护；③消灭介壳虫，夏季喷4波美度的石硫合剂；④在发病前或发病初期用250g／L吡唑醚菌酯乳油1500～1800倍液，喷雾使用。

（5）蛀果蛾：

发生规律：蛀果蛾（萸肉食心虫、萸肉虫）蛀食果肉。1年发生1代，以老熟幼虫在树下土内结茧越冬，翌年7～8月上旬化蛹，蛹期10～14天，7月下旬、8月中旬为化蛹盛期。9～10月幼虫为害果实，11月份开始入土越冬。虫害率较高，在果实成熟期，为害更为严重。

防治方法：①用10%溴虫腈悬浮剂1000～1500倍液，于发生初期喷雾使用，或0.5%藜芦碱可溶液剂400～500倍液，于低龄幼虫期或卵孵化盛期喷雾使用；②利用食醋加敌百虫制成毒饵，诱杀成蛾；③采收果实后及时加工，不宜存放过久，以减少害虫的蔓延。

（6）大蓑蛾：

为害症状：大蓑蛾（避债蛾）幼虫咬食叶片，严重时可将山茱萸树叶全部吃光，使其长势减弱，果实减少，影响第2年的坐果率。

防治方法：①人工捕杀，尤其在冬季落叶后，冬春季结合整枝，摘取挂在树枝上的袋囊；②安装黑光灯，诱杀成蛾；③在发生初期，用20%氯虫苯甲酰胺悬浮剂1000～2000倍液喷雾。④培养和释放蓑蛾瘤姬蜂，以及保护食虫鸟，进行生物防治。

（7）木橑尺蠖：

为害症状：木橑尺蠖（造桥虫）幼虫咬食叶片，仅留叶脉，造成枝条光秃，使树势减弱，当年结果少，第2年也不能结果。其虫卵产在山茱萸树枝分叉下部的树皮缝内。

防治方法：①在7月份幼虫盛期，对1～2年的幼树，要及时喷2.5%的鱼藤精500～600倍液或90%的敌百虫1000倍液进行防治；②早春时，可在树木周围1m范围内，挖土灭蛹或在地面撒甲基异磷酸，防止蛹羽化。

（8）叶蚕：

为害症状：成虫刺吸嫩枝和叶片，严重的使枝条干枯、落叶，影响树木生长。

防治方法：①用20%氯虫苯甲酰胺悬浮剂1000～2000倍液，于发生初期喷雾；②选育抗虫品种。

（9）刺蛾类：

为害症状：低龄幼虫啃食叶肉，高龄幼虫多沿叶缘蚕食，影响树势，造成落花落果，降低产量。

防治方法：①灯光诱杀：在羽化期于19:00～21:00设置黑光灯诱杀成虫；②消灭越冬茧：利用刺蛾越冬期历时长，结茧越冬的习性，分别用敲、掘翻、挖等方法消灭越冬茧；③化学防治：用0.3%苦参碱水剂800～1000倍液，10%除尽悬浮剂1000～1500倍液。

（10）木囊娥：

为害症状：幼虫群集蛀入木质部内形成不规则的坑道，使树木生长衰弱，并易感染真菌病害，引起死亡。

防治方法：①灯光诱杀：5～6月份成虫羽化期用黑光灯诱杀；②化学防治：初孵幼虫期，用50%的硫磷乳剂400倍液喷洒树干毒杀幼虫；当幼虫蛀入木质部后，用80%的敌敌畏50倍液注入虫孔后用黏土密封，即可杀死幼虫。

（11）介壳虫类：

为害症状：以草履蚧、牡蛎蚧为多，若虫孵化出土后，爬至枝条嫩梢吸食汁液，轻者使枝条生长不良，重者引起落叶，致使枝条枯死，易招致霉菌寄生，严重影响树木生长。

防治方法：①检疫和引进天敌：在保护区设立检查站，禁止有蚧虫的种苗传播蔓延，一旦发生，要引进天敌抑制害虫的暴发；②发生面积不大时，可用长柄棕刷将固定幼虫刷去；③若虫期，用1.5%苦参碱可溶液剂800～1000倍液喷洒，或用99%矿物油100～150倍液喷雾1～2次。

（12）绿腿腹露蝗：

为害症状：绿腿腹露蝗（蝗虫）咬食叶片，甚至吃光叶片，仅剩下叶脉，影响植株的生长。6～7月份为害最严重。

防治方法：①春秋除草沤肥，杀灭卵块；②1～2龄若虫集中为害时，进行人工捕杀；③在早晨趁有露水时，喷5%的敌百虫粉剂，用量为22.5～37.5kg／hm^2。

（六）采收和产地初加工

1. 采收

一般在9月下旬开始，果实由青变黄再转深红时便可采摘，成熟一批采摘一批。过早采收干物质积累不够充分，影响产量和质量；过熟采收果肉糊化，不便加工，出皮率低。采摘方式采用人工上树采摘，采摘动作应轻巧，做到不伤枝、不损芽，不得在露水、雨天下采摘。

2. 初加工

（1）净选：人工或风车挑去鲜果中的枝叶、果柄、病果等杂质，保持加工原料清洁干净。

（2）软化：软化方法分为水煮、水蒸、火烘3种。

水煮法：在中等的普通铝锅或铁锅中加入深度2/3量的水，加热至沸时，投入适量（以不超过水面并离水面1～2 cm为宜）净鲜果，控制火候保持水温80℃，期间用锅铲上下翻动2～3次保持果实受热均匀，至果实膨胀软化，表皮颜色变淡，用手挤压果核能自动滑出时捞出放入竹篮子，然后浸入冷水中冷却后捞出，沥干。

水蒸法：在普通铝锅或铁锅中加入适量的水，将净鲜果放入蒸笼内，加热蒸至冒气5分钟，至果实膨胀发软，用手挤压果核能自动滑出时取出，摊开，自然冷却。

火烘法：将鲜果摊入烘焙笼上，摊成3～5 cm厚，覆盖农膜后盖篦篝，然后放在炭火上缓烘，期间倒出到篦篝上翻均匀2～3次保持果实受热均匀，至果实膨胀软化，用手挤压果核能自动滑出时取出，摊开，自然冷却。

（3）去核：将软化冷却后的果实用脱核机或人工挤去果核，同时清除残核等杂物。

（4）干燥：将果肉均匀薄摊于干净的竹匾上，晾晒，初晒勤翻动，后期减少翻动次数；也可用炭火缓烘，初烘温度70℃，勤翻动，后期温度60℃，减少翻动次数；日晒或缓烘至沙沙响时收起，摊凉，置容器中密封。

3. 包装、运输、贮藏

（1）包装：商品萸肉数量大时多用瓦楞纸箱装，内衬防潮纸，箱外套麻布或麻袋，捆扎成井字形。农家一般用麻袋包装。装好后贴上标签，标明产品名称、数量、产地、包装日期、保存期、生产单位、执行标准代号、储存注意事项等内容。

（2）运输：山萸肉的运输应遵循及时、准确、安全、经济的原则，保持专用运输工具的卫生，将包装好的商品捆绑好，遮盖严密，及时运往贮藏地点，不得雨淋、日晒，不得与其他有毒、有害物质混装，避免污染。

（3）贮藏：宜放置在阴凉干燥处保存，贮藏温度26～28℃，相对湿度70%～75%，商品山萸肉安全水分13%～16%。

掌叶覆盆子栽培管理生产技术

郑平汉　陈颖君

掌叶覆盆子（*Rubuschingii* Hu）是蔷薇科悬钩子属植物，叶片3～7裂，5叶居多，形似掌，故称掌叶覆盆子，是194种覆盆子中唯一入选《中国药典》可入药的覆盆子。是"淳六味"品种之一，也是新"浙八味"品种之一，淳安县临岐镇被授予"浙江省覆盆子之乡"称号。

一、基本情况

掌叶覆盆子在淳安的生产历史悠久，相传自明代起淳安临岐镇半夏村就有村民在房前屋后开始栽种覆盆子，并作水果食用。淳安县1987年开展的中药材资源普查资料也表明：覆盆子是我县以果实种子类入药的主要品种之一，主要分布在淳安北部山区临岐、瑶山、屏门等一带，东北山区的严家、王阜、郑中等地以及湖西南山区的汾口、大墅、枫树岭等乡镇均有野生分布。1993年，浙江省出版的《浙江植物志》记载："掌叶覆盆子原产我国，我省各地均产，主要产区为建德、淳安等地。"2004年，《浙江植物林业科技》第24卷第1期发表了由浙江省林业科学研究院汪传佳等人撰写的"覆盆子资源开发利用研究综述"，论文认为："浙江华东覆盆子及其悬钩子属的近缘种以西南的遂昌、龙泉、庆元和西部的开化、金华、淳安等市县分布种类最多。"2005年，由郭海诚主编、中医古籍出版社出版的《中药西说》（第三卷）第二篇各论述及："覆盆子主产于浙江建德、永康、淳安……等地。"2013年，由国家中医药管理局重点学科《临床中药学》学术带头人、国家中医药管理局重大疾病研究专家组成员高学敏等主编，人民卫生出版社出版的"十一五"国家重点图书《中药学》第十八章节介绍："覆盆子主产于浙江建德、永康、淳安……等地。"

近十余年来，淳安县通过调整农业结构、发展生态效益农业，中药材、食用菌、蔬菜等新兴产业成为全县农业经济的亮点和新增长点，特别是以覆盆子等为代表的道地中药材产业发展进一步加快，有效地促进了淳安农民增收和乡村振兴。2014年，淳安县临岐镇的覆盆子产量就已占到了全省的近50%，约为全国总产量的1/3（"药通网"2014年调研统计，当年浙江省覆盆子产量约占全国总产量的65%）。近年来，淳安县组织淳安县临岐中药材产业协会、淳安千岛湖岐仁山中药材专业合作社联合社、临岐镇农业公共服务中心等先后联合起草和发布实施了淳安县地方标准规范《掌叶覆盆子技术规程》 dB330127/T089—2019、《掌叶覆盆子鲜食红果质量标准》 dB330127/T090—2019，杭州市地方标准规范《掌叶覆盆子生产技术规程》 dB3301/T1086—2017，浙江省地方标准规范《掌叶覆盆子生产技术规程》 dB33/T2076—2017，淳安县人民政府连续组织了多届有较强影响力的"覆盆子采摘节"，淳安县农业技术推广中心获得了"淳安覆盆子"农产品地理标志登记证书，淳安县临岐中药材产业协会注册了"淳覆盆子"国家地理证明商标。

目前，淳安县发展的掌叶覆盆子主要分布在淳安北部山区临岐、瑶山、屏门等一带。2017年，全县覆盆子栽培面积达到了3.2万亩，其中投产面积2.6万亩，覆盆子产量近650t，是全省乃至全国的主要产区，产量约占全国的50%，单个中药材品种产值已逾亿元，有效促进了全县农民增收，特别是主产的临岐镇全镇仅覆盆子一项人均收入就达5000元，多的农户收入高达30多万元，覆盆子成为了当地百姓增收致富的"金果子"，并且产品销往全国各地，大型药企江西汇仁药业集团、安徽广印堂、康恩贝等著名药企长驻我县收购。位于我县临岐镇的浙西中药材市场覆盆子的价格变化已成为全国覆盆子市场定价的风向标，2018年2月覆盆子还通过了层层遴选，成为了"新浙八味"培育品种之一。

二、形态特征

藤状灌木，高1.5～3 m，枝细，具皮刺，无毛。单花腋生，无毛；萼筒毛较稀或近无毛；萼片卵形或卵状长圆形，顶端具凸尖头。花期3～4月，果期5～6月。果实近球形，聚合果，以未成熟果实入药，成熟后红色，直径1.5～2 cm，密被灰白色柔毛。成熟果实可用于食疗和保健，果大，味甜，可食、制糖及酿酒；功效为补肝肾，缩小便，助阳，固精，明目。治阳痿，遗精，溲数，遗溺，虚劳，目暗。现代医学认为常食可抗衰老、美容、降血脂、平血压、预防癌症等。根、叶亦可药用，能止咳、活血、消肿。分布于日本和中国；在中国分布于江苏、安徽、浙江、江西、福建和广西等地。

三、生长环境

掌叶覆盆子生长在中低海拔300～2000 m的山地杂木林边、灌木丛或荒野，以在300～500 m左右的产量为最高、质量最好。在山坡、路边阳处或阴处灌木丛中常见。通常生于山区、半山区的溪旁、山坡灌丛、林边及乱石堆中，在荒坡上或烧山后在油桐、油茶林下生长茂盛，性喜温暖湿润，要求光照良好的散射光，对土壤要求不严格，适应性强，但以土壤肥沃、保水保肥力强及排水良好，pH值为6.5左右的中性沙壤土及红壤、紫色土等较好。排水不良、土壤黏重的山坞田不宜栽种。

四、药用价值

掌叶覆盆子以未成熟果实作为传统的中药，在中医药中的地位是不容置疑的，尤其是5裂和7裂掌叶的药效为最佳，成熟果实甘甜多汁，营养丰富，是重要的蜜源和药用植物。《中国药典》：益肾固精，缩尿，养肝明目；归肾、膀胱经；用于遗精滑精、遗尿尿频、阳痿早泄、目暗昏花。《日华子本草》：安五脏，益颜色，养精气，长发，强志；疗中风身热及惊。《本草通玄》：覆盆子，甘平入肾，起阳治痿，固精摄溺，强肾而无燥热之偏，固精而无凝涩之害，金玉之品也。《开宝本草》：补虚续绝，强阴建阳，悦泽肌肤，安和脏腑，温中益力，疗劳损风虚，补肝明目。《本草衍义》：益肾脏，缩小便，服之当覆其溺器，如此取名也。《本草纲目》：益肾脏，治阳痿，缩小便，补肝明目。《药性论》：主男子肾精虚竭，女子食之有子，主阴痿。《本草正义》：覆盆，为滋养真阴之药，味带微酸，能收摄耗散之阴气而生精液，故寇宗奭谓益肾缩小便，服之当覆其溺器，语虽附会，尚为有理。《本经》：主安五脏，脏者阴也。凡子皆坚实，多能补中，况有酸收之力，自能补五脏之阴而益精气。凡子皆重，多能益肾，而此又专入肾阴，能坚肾气，强志倍力有子，皆补益肾阴之效也。《别录》：益气轻身，令发不白，仍即《本经》之意。惟此专养阴，非以助阳，《本经》《别录》并未言温，其以为微温微热者，皆后人臆测之辞，一似凡补肾者皆属温药，不知肾阴肾阳，药物各有专主，滋养真阴者，必非温药。《本草述》：覆盆子，方书用之治劳倦虚劳等证，或补肾元阳，或益肾阴气，或专滋精血，随其所宜之主，皆能相助为理也。《本草经疏》：覆盆子，其主益气者，言益精气也。肾藏精、肾纳气，精气充足，则身自轻，发不白也。苏恭主补虚续绝，强阴建阳，悦泽肌肤，安和脏腑。甄权主男子肾精虚竭，阴痿，女子食之有子。大阴主安五脏，益颜色，养精气，长发，强志。皆取其益肾添精，甘酸收敛之义耳。

现代的药理研究，进一步证实了掌叶覆盆子的中医药功效，并从现代药理活性研究出发，认为掌叶覆盆子还有抗癌防癌以及养生保健作用。它含有丰富的水杨酸、酚酸等物质。水杨酸被称为"天然阿司匹林"，广泛用于镇痛解热，抗血凝，能有效预防血栓。长期食用能有效保护心脏，预防高血压、血管壁粥样硬化、心脑血管脆化破裂等心脑血管疾病。掌叶覆盆子也是天然的减肥良方，含有烯酮素，能够加速脂肪的代谢燃烧，效果比辣椒素强3倍。国内外对同属植物的果实营养成分进行研究，发现其神奇所在：首先是营养丰富为水果之首，维生素E含量高于草莓、葡萄和苹果，分别约为其含量的1.5倍、2.1倍和3.2倍；蛋白质含量高于橘子、苹果和梨，分别约为其含量的2.7倍、3.0倍和3.5倍。其次是抗衰老物质含量高，它含有比现有栽培水果及其他任何野果都高的维生素E、超氧化物歧化酶（SOD）、γ-氨基丁酸等抗衰老物质，特别是鞣花酸含量丰富，每100 g覆盆子干果中含1.5～2.0 mg鞣花酸；果实中花青素含量很高（30～60 mg/100 g干果）。第三是微量元素含量丰富，掌叶覆盆子含有丰富的纤维素和钾、锌、铁、铜、锰等多种微量元素。在韩国，覆盆子酒已经成为大众消费的热门品种，在白酒、果类酒的销量中，稳居冠军宝座，已经成为韩国果酒向世界市场进军的先锋。单是韩国宝海公司一家的年销售额就超过了5亿美元。当"大长今"在中国和亚洲刮起"韩食风暴"时，绝大多数人可能并不知道，剧中的长今用以慰藉临终母亲和征服皇上，从而赢得御前烹饪大赛的秘密武器正是"覆盆子"。日本以覆盆子酮为主要成分的减肥瘦身产品已成为日本市场最受欢迎的产品系列。日本减肥协会、爱媛大学的科学家和日本KANEBO公司甚至做了一个效果惊人的试验，他们把含有覆盆子酮的贴片敷在女性们的手臂上，一段时间后拿下来，手臂上的脂肪明显减少了。美日科学家研究认为，每日摄入适量红树莓果或相应的果制品，就可以保持一个健美的身材，在你舒心惬意的享受中，就达到了减肥瘦身的目的。

五、覆盆子的故事

覆盆子的名字来源充满传奇和趣味。传说很久以前，在某一个夏天，临岐半夏白鹤岭脚下的一个小山村，有位老年人上山砍柴，时近中午，老人家口渴异常，他发现山坡上有种植物，结了很多绿色的果实，气味清香。当时他不知是什么果实，就摘了一个尝了尝，味甘而酸，十分可口，于是他就摘了一些果实吃下以解渴。老人家原有尿频不适，自从吃了这种果实以后，竟意外地发现尿频明显改善，夜里只小便一次，而精力也比以前充沛，好像年轻了很多，时间长了晚上竟然一觉睡到大天亮。这位老人家将这种果实的神奇功效告诉他所在村中的其他老者，随后他们便纷纷上山采摘食用，也同样收到不错的效果。就这样一传十、十传百，从而将这种果实作为补肝益肾的药物应用，老人吃了把尿盆子覆过来不用了，年轻人吃了小便时能把尿盆子打翻，因此就给这种果实起名为"覆盆子"，一直沿用至今。

六、生产技术

和其他中药材一样，淳安的掌叶覆盆子在很长一段时间内较为依赖野生资源的采摘。近年来，随着市场的发展和效益的提升，掌叶覆盆子的野生驯化和人工栽培越来越被关注，相关的技术也日臻完善。笔者老家的药农从20世纪末就开始尝试野生驯化种植覆盆子，经过多年的实践探索，生产技术也越来越成熟，现整理出一套适合当地的掌叶覆盆子栽培技术，供参考。

1. 建园

（1）选择交通便利、远离污染源，土壤疏松、中性或微酸性，排灌方便、东坡或东南坡向的地块建园。

（2）根据基地规模、地形和地貌等条件，设置合理的道路系统和水利系统。在药园与山林或农田交界的地段，宜修建隔离带、沟。

（3）园地开垦时应注意水土保持，在种植深度内有明显障碍层（如硬塥层或犁底层）的土壤应破除障碍层，清除土层内的竹鞭、芒萁及茅草根等。

2. 育苗

（1）品种选择：应选用适合当地生态条件的抗寒、抗病、高产、优质鲜食和鲜食药用加工两用品种。

（2）苗木选择：苗高30 cm左右，茎粗0.5 cm以上，无病虫害，根系健壮，主根长度不小于20 cm，鲜活的根数6条以上，带有毛细根。

（3）育苗方式：有根蘖繁殖、扦插繁殖、种子繁殖等，杭州地区宜采用根蘖繁殖。根蘖繁殖技术为：3～4月，选择株高30cm以上、有3条以上不定根、生长健壮无病害的一年生根蘖苗作为育苗繁殖材料，根蘖苗与母株分离后，及时移栽到育苗地，育苗地育苗行距70 cm，株距35 cm。扦插繁殖技术为：当气温达到14℃左右时，将覆盆子枝条剪成约20 cm的插条，每根插条3～4节，插条下端剪口离芽位1 cm、上端剪口离芽位3～4 cm为宜，剪口要平滑，不可撕裂。将插条基部放入100mg/L的ABT生根粉1号液中浸泡12小时，浸泡后用清水冲净，再用10%～15%硫酸铵液或3～5波美度的石硫合剂浸泡5分钟消毒处理，消毒后即可扦插。种子繁殖技术为：5月底至6月上旬，选择完全成熟的果实去除果糖胶，晒干后将种子装入信封袋内放在低温干燥的房间里贮藏，于播种前10天催芽，种子去种壳铺于纱布上，保持种子湿润并置于光下催芽。播种时将种子与湿沙按体积比1：3的比例充分混合，用筛子均匀地撒在苗床上，在苗床内育苗。

3. 定植

（1）整地：彻底清除树根、杂草、秸秆等杂物，平整地面，深耕20～25 cm。平地起垄栽培，垄宽50～70 cm，垄高30 cm。采用带状栽植，宜南北行；坡地挖穴栽培，行向应与等高线平行。

（2）施底肥：每穴施有机肥1～2 kg，把表土与上述肥料混合均匀填入穴里，再用熟化的土壤填平定植穴，间隔7天后种植。

（3）定植时间：春季：2月至3月上旬为宜；秋季：11月中下旬为佳。苗木完全成熟木质化，落叶后移栽。

（4）种植方法：种苗从地里起出后尽快栽植。按株行距划线挖定植穴，定植穴直径30 cm，深40 cm。把苗放在定植穴正中间，根系舒展，埋土深度以埋过根际3～5 cm为宜，回填土用手轻轻压实。沿定植穴外圈做土埂，形成浇水盘。浇足定根水，然后在上面覆盖一层土。

（5）种植密度：行距为2.0～2.5 m，穴距为1.0～1.5 m，每亩控制在150～200穴左右。

（6）定植后管理：定植后，对植株进行短截，株高20 cm左右。保持土壤湿润，防止穴内积水。

4. 支架绑缚

（1）目的：防止风雪雨季等不可控因素造成的植株倒伏；使枝条分布均匀，改善通风透光条件；增强植株承受力，使鲜果免受着地污染；方便果园日常管理和果实采摘。

（2）方法：在栽植行一侧，距株丛基部45 cm左右，每隔3～5m埋设立柱；立柱架材可用木柱、水泥柱等，其中木柱要选用1.8m左右的坚硬耐腐蚀的树木。

5. 药园管理

（1）土壤管理：结合秋施基肥进行扩穴深翻，在进入盛果期后对全园进行深翻25～40cm。每当灌水和雨后要松土。

（2）施肥管理：掌叶覆盆子在2～6月时需肥量相对较大，3～5月是掌叶覆盆子重要的需肥时期，6月之后，树体内养分消耗过大，此时应增施些氮肥，以补充树体内营养。基肥以有机肥为主，秋季采收后每亩施入300 kg有机肥或者经腐熟的农家肥。追肥一般以每年施3次肥较合适：第1次在2月下旬萌芽前结合返青水，以氮肥为主，如发酵的饼肥亩施100～150 kg；第2次在3月中旬花前1周追施富含钾肥的肥料，如草木灰或硫酸钾亩施10～15 kg；第3次在4月初坐果后，追施富含钙的肥料，如钙镁磷肥亩施5～10 kg。

（3）水分管理：掌叶覆盆子不耐涝，根际禁积水，注意设置排水沟。

（4）整形修剪：在6月上旬在枝条上架绑缚后、展叶前进行，不宜过晚。剪除病枝、损伤枝、细弱枝，每丛主株（初生茎）数量控制在3株为宜，约500株/亩。防止植株倒伏，相互擦伤表皮，保证通风透光。

（5）除草：每年进行中耕除草，提倡人工除草，根际周围宜浅，远处稍深，切勿伤根。禁止使用除草剂或有机合成的植物生长调节剂。

6. 病虫害防治

病害主要有叶斑病、根腐病、茎腐病、白粉病等；虫害主要有食心虫、金龟子、柳蝙蝠蛾、穿空蛾等。遵循"预防为主、综合防治"的植保方针，优先采用农业防治、物理防治、生物防治，合理使用高效低毒低残留农药，优先使用植物源、矿物源及生物源农药。

（1）农业防治：选用优良抗病种源和无病种苗，按标准生产。加强生产场地管理，清洁田园。合理密植与修剪，科学施肥与排灌。发病季节及时清除病株，集中销毁；冬季加强清园。

（2）物理防治：采用杀虫灯或黑光灯、粘虫板、糖醋液等诱杀害虫。整地时发现蛴螬等，及时灭杀。

（3）生物防治：保持农业生态系统生物多样性，为天敌提供栖息地。

（4）化学防治：农药的使用按NY/T393的规定执行。根据防治对象，适期用药，最大限度地减少化学农药的施用；合理选用已登记的农药或经农业、林业等研究或技术推广部门试验后推荐的高效、低毒、低残留的农药品种，轮换用药；优先使用植物源农药、矿物源农药及生物源农药。准确掌握药剂量和施药次数，选择适宜药械和施药方法，严格执行安全间隔期，禁止使用除草剂及高毒、高残留农药；主要病虫害化学防治方法参见下表。

主要病虫及其推荐防治药剂使用方法

防治种类	农药名称	剂型规格	用量与浓度（倍液）	注意事项	安全间隔期（天）	每年最多使用次数
根腐病	吡唑醚菌酯	250g/L乳油	1500～1800	发病前或发病初期，喷雾使用	5	3
	嘧菌酯	250g/L悬浮剂	1000～1200	发病前或发病初期，喷雾使用	7	3
褐斑病	苯醚甲环唑	10%可湿性粉剂	1000～1500	发生初期，喷雾使用	7	2
	氟菌·肟菌酯	42.8%悬浮剂	3000～3500	发生初期，喷雾使用	7	2
蚜虫	苦参碱	1.5%可溶液剂	800～1000	发生初期，喷雾使用	10	1
	乙基多杀菌素	60g/L悬浮剂	2000	发生初期，喷雾使用	5	3

防治种类	农药名称	剂型规格	用量与浓度（倍液）	注意事项	安全间隔期（天）	每年最多使用次数
蛴螬	氯虫苯甲酰胺	20%悬浮剂	1000～2000	发生初期，喷雾使用	7	2
	辛硫磷	3%颗粒剂	2000g/亩～2500g/亩	发生初期，拌细土均匀散施	28	1
叶螨	藜芦碱	0.5%可溶液剂	400～500	低龄幼虫期或卵孵化盛期，喷雾使用	10	1
	噻螨酮	5%水乳剂	1500-2000	发生初期使用，喷雾使用	7	2

7. 果实采收

（1）药用果实的采收处理：一般在果实已饱满，由绿变绿黄时，即5月中上旬开始采摘，在5月下旬便可全部采完。采摘时可将掌叶覆盆子枝条翻转过来，此时较易采摘未成熟果实。

除净梗叶，用沸水烫1～2分钟后置于日光下晒干，筛去灰屑，拣净杂物，去梗即可。若遇阴雨天，则应及时摊开置于通风处晾干或小火烘干，切勿堆压，以防霉心，散子变质。

（2）鲜食果实的采收处理：

成熟标志：体现出应有的色泽、风味等固有的基本特征，无酸败气味和其他异味，果面着色100%的果实为成熟果。

采摘：晴天进行采摘，阴雨天、有露水时不宜采摘。采摘时，用力要均匀，应轻拿轻放。采摘后应放在阴凉处存放，离地30 cm左右，防治小虫爬入采摘盒内。

8. 保鲜处理

包装材料和其他处理设备应要求清洁、无毒、无异味、无污染。

采摘后在2～3小时内冷库预冷，再进行低温、气调或速冻保鲜，速冻温度为-35～-31℃，速冻后在-18℃的低温环境中储存，保质期为12个月。

9. 运输

鲜果适宜冷藏车运输，装卸时轻拿轻放，运输工具要清洁卫生，不得与有毒有害物质混装。

前胡栽培管理生产技术

汪利梅　郑平汉

前胡（*Peucedanum praeruptorum Dunn*）是伞形科前胡属植物，原植物为白花前胡，是"淳六味"品种之一，也是新"浙八味"品种之一，2018年淳安县种植前胡面积12000亩，产量1500t，产值6500万元。

一、形态特征

白花前胡为多年生草本，植株高0.6～1 m，雌雄同株。根茎粗壮，径1～1.5 cm，灰褐色，存留多数越年枯鞘纤维；根圆锥形，末端细瘦，常分叉。茎圆柱形，下部无毛，上部分枝多有短毛，髓部充实。

1. 茎叶

基生叶具长柄，叶柄长5～15 cm，基部有卵状披针形叶鞘；叶片轮廓宽卵形或三角状卵形，三出式二至三回分裂，第一回羽片具柄，柄长3.5～6 cm，末回裂片菱状倒卵形，先端渐尖，基部楔形至截形，无柄或具短柄，边缘具不整齐的3～4粗或圆锯齿，有时下部锯齿呈浅裂或深裂状，长1.5～6 cm，宽

1.2～4cm，下表面叶脉明显凸起，两面无毛，或有时在下表面叶脉上以及边缘有稀疏短毛；茎下部叶具短柄，叶片形状与茎生叶相似；茎上部叶无柄，叶鞘稍宽，边缘膜质，叶片三出分裂，裂片狭窄，基部楔形，中间一枚基部下延。

2. 花果

复伞形花序，多数顶生或侧生，伞形花序直径3.5～9 cm；花序梗上端多短毛；总苞片无或1至数片，线形；伞辐6～15，不等长，长0.5～4.5 cm，内侧有短毛；小总苞片8～12，卵状披针形，在同一小伞形花序上，宽度和大小常有差异，比花柄长，与果柄近等长，有短糙毛；小伞形花序有花15～20；花瓣卵形，小舌片内曲，白色；萼齿不显著；花柱短，弯曲，花柱基圆锥形。果实卵圆形，背部扁压，长约4 mm，宽约3 mm，棕色，有稀疏短毛，背棱线形稍凸起，侧棱呈翅状，比果体窄，稍厚；棱槽内油管3～5，合生面油管6～10；胚乳腹面平直。花期8～9月，果期10～11月。

二、生长环境

前胡适宜冷凉湿润气候，具有抗寒、耐热、耐旱、耐瘠薄、抗病虫等生物学特征，适应性广，多生于海拔250～2000 m的山坡林缘、路旁或阴性的山坡草丛中，以海拔600～800 m最佳。主要分布于浙江、江西、福建、河南、湖北、湖南、广西、四川、贵州、甘肃、江苏、安徽等地。

三、药用价值

前胡，传统中医名药，具有宣散风热、降气化痰、散风清热等功效，是作用于痰热喘满、咯痰黄稠、风热咳嗽等感冒症状的一味良药。淳安县是浙江省前胡的道地产区，品种主要为白花前胡，栽培历史悠久。中药前胡为伞形科植物白花前胡的干燥根，其根含多种香豆素类（为白花前胡甲素、乙素、丙素、丁素等），是一味传统中药。现代研究发现，白花前胡在防治心血管疾病等方面具有较高的医疗价值。

1. 祛痰平喘

白花前胡中的白花前胡丙素能增加支气管分泌液，具有祛痰作用；白花前胡甲素为白花前胡根中提取的一种角型吡喃香豆素，是白花前胡丙素的消旋体，能够抑制乙酰胆碱及KC1引起的家兔气管平滑肌收缩，尤其对高钾诱发的收缩松弛作用较强。

2. 降血压

白花前胡提取物主要为香豆素类化合物，具有舒张肺动脉的作用。白花前胡中的白花前胡丙素对动脉粥样硬化和高血压等习惯增生性疾病的防治有重要意义。白花前胡丙素还能降低脑、肾血压，减轻高血压刺激导致的脑、肾血管痉挛，脑、肾血流量下降，脑、肾细胞有氧代谢障碍。

3. 抗心衰

白花前胡提取液能够抑制肥大心肌细胞凋亡，改善腹主动脉缩窄所致心衰；白花前胡香豆素可增加冠脉流量和心输出量，改善心脏舒张功能；白花前胡丙素能逆转左室肥厚，改善血管肥厚，减少胶原及血管反应性，使血管松弛，血流通畅。

4. 抗心脑缺血

白花前胡可增加急性心肌梗死麻醉猫冠状窦血流量，降低冠脉阻力、血压，缩小心肌梗死范围，对心肌梗死具有保护作用。白花前胡提取物可降低大脑动脉梗塞大鼠血清中的炎性细胞因子水平，阻止缺血性损伤向炎症性损伤转变，降低脑梗死范围。

5. 抗癌

白花前胡丙素可诱导肿瘤细胞凋亡，还可以逆转肿瘤细胞的多药耐药性；白花前胡挥发油中的β-榄香烯具有抗肿瘤、抗凝血以及镇痛等作用；白花前胡提取物中的没食子酸具有抗肿瘤的作用。

四、白花前胡和紫花前胡的区别

现代应用的前胡中另外一个主要品种为紫花前胡，该品种在历代前胡条目下无记载，在长江中下游及西南一带，紫花前胡常被称为土当归、野当归入药。宋《图经本草》载滁州当归"春生苗，绿叶有之三瓣，七八月开花似蒔萝，浅紫色。根黑黄色，以肉浓而不枯者为胜。二月、八月采根，阴干"。并有附图。从所述所绘来看，均与现代所用紫花前胡相吻合。另据《植物名实图考》云："当归本经中品，唐本草注有大叶细叶二种，宋《图经》云：开花似蒔萝浅紫色，李时珍谓花似蛇床，今时用者皆白花，其紫花者叶大称土当归。"记载和上述吻合。从这些记述中不难看出，前胡随着市场需求量的增加而形成了多品种的局面，紫花前胡后来居上，成为目前市场上前胡2个主要品种之一，构成了前胡的"白花"和"紫花"之争，事实上，今天称为紫花前胡的原植物与本草中记述的前胡毫无相似之处，无论从植物形态、药材性状都相去甚远，古时并不相混。而经考证《图经本草》当归条下所言及的当归酷似紫花前胡，《本草纲目》《植物名实图考》所述的土当归也与紫花前胡一致，可见明清以前的本草中，紫花前胡尚不属"前胡"类药材的范畴。今天看来，紫花前胡和白花前胡不仅花色不同，而且2种植物的根、茎、叶、苞片、花序等器官都有着明显的区别，《中国植物志》将紫花前胡列为当归属，《中国药典》2005年版在前胡项下已不收录紫花前胡，证明正品前胡就是指白花前胡，且从南北朝便有记载产于"吴兴"的淳前胡，五代《日华子本草》首推睦州前胡皆好后，宋代苏颂《本草图经》、明代李时珍《本草纲目》、民国时曹炳章的《增订伪药条辨》都推淳前胡，以为品质佳，为道地药材。

五、白花前胡的故事

相传在淳安北部昱岭山脉南侧，从前有个开生药铺的，由于方圆百里之内只有他这么一家药铺，所以这个药铺老板也就成了当地的一霸。不管谁生了病都得吃他的药，他要多少钱就得给多少钱。

有家穷人的孩子老是咳嗽，病很重。穷人就到药铺询问，药铺老板说退热得吃"川贝母"，但五分（1.5g）贝母就要10两银子。穷人买不起，只有回家守着自己的孩子痛哭。这时，门外来了个讨饭的叫花子。听说这家孩子咳嗽，家里又穷得买不起那位药铺老板的药，便指点他去山上挖些前胡回来吃。

穷人急忙跑到山上，挖了一些前胡。回家后他急忙煎好给孩子灌下去，孩子喝后果然不咳嗽了。穷人十分高兴，后来跟那个讨饭的叫花子成了好朋友。从此，这里的人咳嗽时就再也用不着去求那家药铺了，前胡成了一味不花钱的中药。

六、生产技术

（一）种子生产

1. 种地选择

白花前胡喜冷凉湿润的气候，多长于海拔较高的山区向阳山坡。温度高且持续时间长的地区以及荫蔽过度、排水不良的地方，白花前胡不仅生长不良，且易烂根；质地黏重的黏土和干燥瘠薄的河沙土也不宜种植。因此，宜选择海拔400～800 m偏向阳的单独山弯地，土壤以土层深厚，土质疏松肥沃，有机质含量高，排水良好，pH值6.0～7.5的偏碱性沙壤土为宜，坡度20°～25°以内，四周有防护林隔离带的坡地，或湿润不积水的平地栽种。

2. 整地

在晴天进行深耕整地，每667 m^{2}均匀撒施腐熟的有机肥2000～3000 kg。耙细整平做畦，山地顺势做畦，畦宽110～130 cm，畦高30 cm，在地块四周开好20～30 cm的排水沟。坡地或疏林套种要求平整土地，不需做畦，需每隔3～5 m用树枝、根梗或草叶做一条隔土带，以防水土流失。整地前清除地上前作枯物及杂草。

3. 种子选择

种子的采集，需选择具有抗病、高产、有效成分符合《中国药典》标准的优良种源，以选取越、衢、婺、睦一带海拔400～800 m地段的两年生以上的没有被混花的白花前胡为宜。

4. 播种和田间管理

播种以冬播撒播为宜，出苗后结合3次中耕除草及时追肥，第1次用复合肥（15∶15∶15）10 kg/667m²，第2次用尿素15 kg/667m²，第3次用磷酸二氢钾300～600g/667m²兑水40～60kg。

5. 采收留种

霜降后，采集健壮、无病的前胡种蓬，用剪刀连花梗剪下，放于室内后熟10～15天，晒干擦打，使种子脱出蓬壳，过筛去除杂质，晾干用布袋储存于阴凉处备用。

（二）栽培管理

1. 播种

首先进行种子的处理：春播时，种子先用40～50℃温水浸泡，12小时后捞出，置室内温暖处催芽，待大部分种子露白时播种。冬播种子需要在4℃条件下贮藏2周以上，播种前先用温水淋湿，然后将种子与有机肥、细土（1∶1∶1）混匀待用，也可不经种子处理直接播种。

白花前胡发芽对光照很敏感，黑暗几乎不发芽，播种切忌盖子，最多只能盖一层薄薄的草木灰或用扫帚清扫。

2. 播种时间

冬播，以11月上旬至翌年1月下旬为宜；春播，以2月下旬至3月上旬为宜。

3. 播种方法

（1）条播：大田、平地种植前胡或春播播种一般采用条播。播种前整地做畦，施入基肥，在整好地的畦面上按规格以行距15～20 cm开播种沟，沟深1～2 cm，沟底平坦，土细碎，然后将种子均匀散在沟内，覆盖细土，稍压实，浇水保湿。

（2）撒播：疏林套种前胡或冬播一般采用撒播，将前胡种子均匀撒播在土中，然后用竹枝或扫帚轻轻拂动。

4. 播种量

每667 m^{2}用种量条播1.5～2 kg，撒播2～3 kg。

5. 苗期管理

苗期应保持土壤湿润，遇干旱及时浇水，浇水时宜用喷淋方式。当幼苗长到3～5 cm时，要结合除草进行第1次间苗，拔除过密和过细的小苗；当幼苗长到10～15 cm时进行第2次适当间苗，条播按株距10～15 cm左右定苗，撒播按株距15～20 cm左右定苗，定苗时，除留种地外，需拔除抽薹的植株。

（五）田间管理

1. 中耕除草

当苗高3～5 cm时，结合间苗进行第1次中耕除草；6月中旬至7月上旬，结合间苗补缺进行第2次中耕除草，浅锄，以划破地皮为宜，防止伤根或土块压伤幼苗；第3次于7月底至8月初进行。通过3次除草，可保持前胡植株的正常生产。多雨时酌情增加1～2次。

2. 肥水管理

（1）施肥管理：施肥应符合NY/T394《绿色食品肥料使用准则》的要求，并采用前控后促，以基肥为主，增施有机肥，实行氮、磷、钾肥相结合的原则。

施肥应于播种前整地时一次性施入，对于一般肥力地块和肥沃地块的施用量要因地制宜。

白花前胡需肥量小，基肥充足的幼苗期至7月底前不宜追肥，以免造成植株提前抽薹开花，根部木质化而影响产量。7月底至8月上旬结合除草进行第1次追肥，8月下旬至9月上旬视白花前胡的长势情况进行第2次追肥。每次用复合肥（15∶15∶15）10～15 kg/667m²，或根据土壤肥力酌量增减。施肥时注意不要伤及根、叶。

（2）水分管理：白花前胡虽然耐旱，但是干旱严重也会影响产量，在夏秋季或遇到干旱、久旱时，要进行适当的浇水，一般选择在清晨或傍晚浇水。梅雨季节要及时排水防渍。

3. 折枝摘薹管理

白花前胡一般都要在第2年开花结果，其一旦开花，根部失去营养，会造成木质化，失去药用价值，因此，在次年3月底至4月初，当前胡植株长到20～30 cm花茎形成时，除保留基生叶外，要从基部折断花茎，提高前胡产量。如有当年就生长过于旺盛的植株，可在当年6月中旬进行折枝摘薹。经过折枝摘薹后的白花前胡根部相较于未开花的植株长得粗壮，产量也大幅度地提高。

4. 遮阴

白花前胡喜冷凉湿润的生长环境，为提高其产量，在3月下旬至4月中旬，在大田种植前胡地块中可套种玉米等高秆作物遮阴，或者搭遮阳网，荫棚高2 m以上，四周通风，保持遮阴率在30%～40%左右。到10月中旬左右天气转凉时，可除去荫棚。

5. 病虫害防治

（1）主要病虫害：白花前胡的主要虫害有蚜虫、黄刺蛾、蛴螬、白草履蚧等；主要病害以根腐病、白粉病最为常见。

（2）防治原则：根据病虫害发生规律和预报，遵循"预防为主，综合防治"的植保方针，优先采用农业防治、物理防治、生物防治，合理使用高效低毒低残留的化学农药，将有害生物为害控制在经济允许阈值内。

（3）防治措施：主要的防治措施有农业防治、物理防治、生物防治和药剂防治。

① 农业防治：注意种子消毒，加强管理，培育壮苗；科学肥水管理，严防积水，提倡使用饼肥、商品有机肥或经充分腐熟的农家肥等有机肥，减少化肥用量；及时清理田间杂草和病株，带出田外，集中处理。

② 物理防治：根据害虫的不同性质，在前胡田间安装频振式杀虫灯或悬挂黄色粘虫板等。

频振式杀虫灯每10～15亩挂1盏，灯间距离80～100m，离地面高度1.5～1.8m，呈棋盘式分布，挂灯时间为5月初至10月下旬，雷雨天不开灯。

黄色粘虫板（规格20 cm×25 cm或25 cm×30 cm）的悬挂

量为40～60张/亩，悬挂高度以黄板下端与作物顶部平齐或略高为宜。

③ 生物防治：利用天敌（寄生蜂、捕食螨等）、昆虫病源微生物和微生物制剂，拮抗微生物及其制剂等进行防治。

④ 药剂防治：不得使用国家明令禁止的农药，药剂选择及使用必须符合NY/T393《绿色食品农药使用准则》的要求。在采收前1个月，禁止使用任何农药。主要病虫害的药剂防治方法见下表。

防治对象	农药名称及剂型	稀释倍数	施药方法及使用次数	每亩用量
蚜虫	0.3%苦参碱水剂	800～1000	喷雾，1～2次	50mL
	10%吡虫啉可湿性粉剂	1500～2000	喷雾，1～2次	20～30g
黄刺蛾	0.3%苦参碱水剂	800～1000	喷雾，1～2次	30～45mL
	10%虫螨腈悬浮液	1500～2000	喷雾，1～2次	30～45mL
	5%氟虫脲乳油	1000～1500	喷雾，1～2次	30～45mL
蛴螬	5%辛硫磷颗粒剂	—	种植前撒施	3～5kg
	绿僵菌粉剂	—	种植前菌土混施	3～5kg
	20%氯虫苯甲酰胺悬浮剂	1500～2000	对于金龟子成虫，于花前、花后选择下午4点以后树上喷药防治	80～100mL
	20%除虫脲悬浮剂	1500～2000		
白草履蚧	99%矿物油乳油	100～150	在若虫出土时喷雾，1～2次	350～450mL
根腐病	98%恶霜灵可湿性粉剂	1500～2000	喷雾，1～2次	15g
	50%多菌灵可湿性粉剂	800～1000	喷雾，1～2次	50g

续表

防治对象	农药名称及剂型	稀释倍数	施药方法及使用次数	每亩用量
白粉病	4%四氟醚唑水乳剂	1000~1500	喷雾，1~2次	67~100g
	30%醚菌·啶酰菌悬浮剂	1000~1500	喷雾，1~2次	45~60mL

（六）采收

1. 采收时间

白花前胡的采收期在冬季至次年春季，茎叶枯萎或未抽花茎时采挖，此时采收产量、折干率最高，商品质量最佳。

2. 采收方法

采收时，先割去枯残茎秆，整株挖起，除净沙石泥土，去除霉烂物和杂质，挖断的须根留在土中，第2年可萌发新株，减少次年种子的亩施用量，降低生产成本。

（七）加工贮藏

1. 产地加工

晒干或低温烘燥。待主根未干，须根干燥时，除去须根，烘至全干。烘干温度以50~70℃为宜，不应超过80℃。

2. 贮藏

加工后的前胡药材装袋后，置于阴凉干燥处。贮藏应环境整洁干燥。贮藏期间应定期检查，发现吸潮、返软时，应及时晾晒或烘干。

参考文献：《现代化农业》2015年第3期，白花前胡的药理作用及栽培技术。

多花黄精栽培管理生产技术

汪利梅　郑平汉

黄精为百合科植物滇黄精、黄精或多花黄精的干燥根茎。是多年生草本植物，可春秋两季采收，但以秋季采收的质量为佳。按原植物和药材性状的差异，黄精可分为姜形黄精、鸡头黄精和大黄精。姜形黄精的原植物为多花黄精，根茎横走，圆柱状，结节膨大；叶轮生，无柄；以根茎入药；具有补气养阴，健脾，润肺，益肾功能；用于治疗脾胃虚弱，体倦乏力，口干食少，肺虚燥咳，精血不足，内热消渴等症；对于糖尿病很有疗效；主产区在浙江、安徽、云南、湖南、贵州等地。鸡头黄精的原植物为黄精，主产于河北、内蒙古、陕西等地。而大黄精（又名蝶形黄精）的原植物为滇黄精，主产于贵州、广西、云南等地。三者中以姜形黄精质量最佳。按原植物的味道，黄精又可分为甜黄精和苦黄精。现该产品多是野生资源供应市场，野生品产区广泛，资源较丰富，但较零散。随着近年来人们的无序采挖，资源量逐渐下降。现在虽有家种品应市，但生产规模小，生产期长，效益低，目前市场上主要是野生品供应市场。

多花黄精（*Polygonatum cyrtonema Hua*）是百合科黄精属多年生草本植物，又名鸡头黄精、黄鸡菜、笔管菜、爪子参、老虎姜、鸡爪参，是"淳六味"品种之一，也是新"浙八味"品种之一。淳安县是浙江省黄精的道地产区之一，以多花黄精为主，栽培历史悠久。乾隆年间的《淳安县志》卷五食货志中就有记载，老百姓喜栽于房前屋后和阴湿菜地。近几年广泛开展山核桃林下套种，2018年全县种植面积9500亩，产量1400t，产值1.39亿元。

一、形态特征

（一）黄精的形态特征

百合科黄精属多年生草本植物。植株高40～80 cm，根茎常结节状膨大，也有连珠状的，少有近圆柱形，直径1～2 cm。茎高50～100 cm，通常具10～15枚叶。叶片互生，椭圆形、卵状披针形至矩圆状披针形，少有稍作镰状弯曲，长10～18 cm，宽2～7 cm，先端尖至渐尖。

花序腋生，呈伞形状，总花梗长1～4（～6）cm，花梗长0.5～1.5（～3）cm；苞片微小，位于花梗中部以下，或不存在；花被绿白色或黄绿色，全长18～25 mm，裂片长约3 mm；花丝长3～4 mm，两侧扁或稍扁，具乳头状凸起至具短绵毛，顶端稍膨大乃至具囊状凸起，花药长3.5～4 mm；子房长3～6 mm，花柱长12～15 mm。浆果球形，黑色，直径约1 cm，具3～9颗种子。花期5～6月，果期8～10月。

（二）三大黄精的形态差异

以原植物和药材性状的差异来区分三大黄精，其性状有所不同，具体内容见表1（不同种类黄精的区别）。

表1　不同种类黄精的区别

名称	形状	长	直径	表面颜色
大黄精	呈肥厚肉质的结节块状或连珠有皱纹及须根痕，结节上侧茎痕呈圆盘状，圆凹入，中部突出。	10cm以上	3～6cm	淡黄色至黄棕色
鸡头黄精	呈结节状圆柱形，一端常膨大，略呈圆锥形。形如鸡头，有短分支。	3～10cm	0.5～1.5cm	白色或灰黄色，半透明
姜形（多花）黄精	呈长条结节块状，长短不等，常数个块状结节相连，圆盘状茎痕凸起。		0.8～1.5cm	灰黄色或黄褐色

（三）多花黄精和长梗黄精的形态差异

淳安地区野生黄精中，除了多花黄精，常见的还有长梗黄精，二者的主要形态区别如下：

（1）花梗：多花黄精的花序梗短而粗，一般在4～5 cm；长梗黄精的花序梗长而细，一般在10 cm及以上。

（2）叶片：以手触摸多花黄精叶片，可感觉其叶背面光滑无毛，而长梗黄精叶背面手感粗糙、有毛。

（3）根茎：多花黄精的块茎多呈结节状，膨大；长梗黄精的根茎多呈连珠状或有时"节间"稍长。

（四）黄精和玉竹的形态差异

黄精和玉竹都是百合科黄精属植物。

从地上部形态来看：多花黄精和玉竹在植物形态上很相似，地上部相同或相似，只是植株高矮有较明显的区别：黄精高些，一般高50～90 cm，单叶互生。

从地下部形态来看：二者药用部位均为根茎。黄精的根茎为块状；玉竹的根茎为圆柱状有环节，通常只有小指粗细。

从药用功效区分：二者同为滋阴润燥药，都有润肺止咳、治疗肺燥干咳的功效，都有降血糖和强心作用，但是黄精还能滋肾、补脾益气，玉竹又有生津止渴之功效。

二、生长环境

黄精喜温暖湿润的气候和阴湿的环境，耐寒，适应性较强。

喜阴。野生黄精多生于海拔2000 m以下阴湿的山地灌木丛及林边草丛中，露天生长容易引起日灼，应避免强光直射，人工栽培遮阴度以70%左右为宜。

耐寒。幼苗能露地越冬，但不宜在干燥地区生长。适宜发芽温度为25～27℃，常温下干燥贮藏发芽率为60%～70%，拌湿沙在1～7℃下贮藏发芽率高达96%，种子寿命一般为2年。

耐湿。黄精在干燥地区容易生长发育不良，在湿润、荫蔽的环境生长良好，但长时间积水对生长不利。

肥沃的沙壤土、壤土，中性或偏酸性为宜，在黏重、土薄、干旱、积水、低洼、石子多的地方不宜种植。

三、药用价值

黄精，又名仙人余粮，是百合科黄精属多年生草本植物，以干燥肉质根状茎入药，是珍贵的药食两用植物，与人参、灵芝等并列为"四大仙药"，《中国药典》（2005版）收载黄精为临床常用药之一。

传统中医认为，黄精性平，味甘；归脾、肺、肾经。用于治疗脾胃气虚、体倦乏力、胃阴不足、口干食少、肺虚燥咳、劳嗽咳血、精血不足、腰膝酸软、须发早白、内热消渴等病症，有"血气双补之王"的美称。在《神农本草经》中，言其"宽中益气，使五脏调良，肌肉充盛，多年不老，颜色鲜明，发白更黑，齿落更生"，列为上品。《本草纲目》中亦记载"黄精补中益气，除风湿，安五脏，久服轻身延年不饥……补诸虚，止寒热，填精髓，下三尸虫……受戊己之泻气，故为补黄宫之胜品。土者万物之母，母得其养，则水火既济，木金交合，而诸邪自去，百病不生矣"。梁陶弘景《名医别录》列为上品，曰："补中益气，除风湿，安五脏。久服轻身，延年，不饥。"《本草纲目》论及："黄精补诸虚，填精髓。"可"使五脏调和，肌肉充盛，骨髓坚强，其力倍增，多年不老，颜色鲜明，发白更黑，齿落更生"。《中国药典》记载：黄精性平，味甘；归脾、肺、肾经；功能作用：补气养阴，健脾，润肺，益肾；主治：脾胃虚弱，体倦乏力，口干食少，肺虚燥咳，劳嗽咳血，精血不足，腰膝酸软，须发早白，内热消渴。

除了名医古典记载，从以下一些常用的经典药方中，也可看出黄精的珍贵之处：

（1）壮筋骨，益精髓，变白发：黄精、苍术各四斤，枸杞根、柏叶各五斤，天门冬三斤。煮汁一石，同曲十斤，糯米

一石，如常酿酒饮。（《本草纲目》）

（2）补精气：枸杞子（冬采者佳）、黄精等份，炼蜜为丸，如梧桐子大。每服五十丸，空心温水送下。（《奇效良方》枸杞丸）

（3）治脾胃虚弱，体倦无力：黄精、党参、淮山药各一两，蒸鸡食。（《湖南农村常用中草药手册》）

（4）治肺劳咳血，赤白带：鲜黄精根头二两，冰糖一两。开水炖服。（《闽东本草》）

（5）治肺结核，病后体虚：黄精五钱至一两。水煎服或炖猪肉食。（《湖南农村常用中草药手册》）

现代科学研究表明，多花黄精的有效成分主要含甾体皂苷、多糖、黄酮、生物碱等，具有延缓衰老、降血糖、降血脂、提高和改善记忆、抗氧化、抗疲劳、抗肿瘤、抗病毒作用，可用于治疗冠心病、高脂血症、糖尿病、低血压、药物中毒性耳聋、白细胞减少症、慢性肾小球肾炎、慢性支气管炎、缺血性中风等多种病症。具体药理作用如下：

（1）抗病原微生物作用：体外试验表明，黄精水提液（1∶320）对伤寒杆菌、金黄色葡萄球菌、抗酸杆菌有抑制作用，2%黄精在沙氏培养基内对常见致病真菌有不同程度的抑制作用。

（2）对血糖的影响：兔灌胃黄精浸膏，其血糖含量渐次增高，然后降低。黄精浸膏对肾上腺素引起的血糖过高呈显著抑制作用。

（3）抗疲劳作用：黄精煎剂17.67%浓度，0.3 mL/只腹腔注射，可延长小鼠游泳时间。

（4）抗氧化作用：黄精煎液20%浓度，13 mL/只喂饮，连续27天，使小鼠肝脏超氧化物歧化酶（SOD）活性升高，心肌脂褐质含量降低。

（5）延缓衰老作用：黄精煎剂，20%浓度浸泡桑叶喂养家蚕，有延长家蚕幼虫期的作用。

（6）止血作用：黄精甲醇提取物40 mg/只，正丁醇部分20 mg/只，水层部分20 mg/只，腹腔注射，对干冰－甲醇冷冻小鼠尾部1分钟，切尾法实验表明有止血作用，使小鼠出血量减少。

（7）对心血管作用：黄精水浸膏0.16～0.26g/ kg静脉注射，明显增加麻醉犬冠脉流量；1.5g/ kg静脉注射，对垂体后叶素引起的兔心肌缺血有对抗作用，对抗垂体后叶素引起的T波增高，促进T波异常提前恢复；12g/ kg腹腔注射，可增强小鼠对缺氧的耐受力。

（8）抗病毒作用：黄精多糖0.2%眼液滴眼，6次/天，或加服黄精多糖10 mg/ kg，2次/天，对兔实验性单纯疱疹、病毒性角膜炎均有治疗作用。

四、多花黄精的故事

相传很久很久以前，在浙皖交界有一个小姑娘因自幼父母双亡，而被迫到一个财主家打长工。姑娘吃的是残羹剩饭，还吃不饱，只好挖野菜和草根吃。

偶然间，她在一片阴暗潮湿的灌木从中发现了一些开着淡绿色小花的不知名植物，她挖出植物的根部，见根部形如生姜，肉质肥厚，于是从此以后以此物充饥，而她也由一个瘦弱的黄毛丫头出落成一个亭亭玉立的大姑娘。财主见了，色心又起，强迫她做小老婆。姑娘誓死不从，逃进山中，过着野人般的生活。

财主每天派人上山抓她，可就是抓不着她，因为姑娘已经健步如飞，家丁根本不是对手。这情景恰好被华佗看见，认定姑娘吃了什么灵丹妙药，华佗决定问个究竟，以取该药造福于民。于是华佗备上可口的饭菜，引姑娘出来并向其说明情况。姑娘见华佗慈眉善目，就带着他采挖了一株，华佗将它带回家中研究后发现，这种植物性味甘、平，具有补脾益肺、养阴生津之功效，可用于治疗体虚瘦弱、气血不足、肺痨、胸痹及肺燥咳嗽症，简直就是药中之精华，于是就把它叫做"黄精"，并一直沿用到现在。

五、生产技术

（一）繁殖方式

分为种子繁殖和根茎繁殖2种。

1. 种子繁殖

秋季浆果变黑成熟时采集，冬前进行湿沙低温处理。方法是：在院落向阳背风处挖一深坑，深40 cm，宽30 cm。将1份种子与3份细沙充分混拌均匀，沙的湿度以手握之成团，落地即散，指间不滴水为度，将混种湿沙放入坑内，中央放高秸秆，以利通气。然后用细沙覆盖，保持坑内湿润，经常检查，防止落干和鼠害，待翌年春季4月初取出种子，筛去湿沙播种，在整好的苗床上按行距15 cm开沟，沟深3～5 cm，将处理好的催芽种子均匀播入沟内，然后覆土，厚度2.5～3 cm，稍加踩压，保持土壤湿润，播种后浇水并且要浇透，然后插拱条，扣塑料农膜，加强拱棚苗床管理，及时通风、炼苗，若没有覆盖农膜的经济能力，也可在畦埂上种植玉米等高秆作物，以满足黄精生长所需的荫蔽条件。等苗高3 cm时，昼敞夜覆，逐渐撤掉拱棚；苗高6～9 cm时，过密处可适当间苗；及时除草、浇水，促使小苗健壮成长。秋后或翌年春出苗移栽到大田。

2. 根茎繁殖

秋季或早春，在留种栽培田块选择健壮、无病虫害的植株，挖取根状茎。若在秋季采挖时，需妥善保存；早春采挖时，直接截取5～7 cm长小段，芽段2～3节，然后用草木灰处理伤口，稍浆干后，立即进行栽种。春栽在4月上旬进行，在整好的畦面上，按行距25 cm开横沟，沟深8～10 cm，将种根芽眼向上，顺垄沟摆放，每隔10～12 cm平放一段。覆盖细肥土5～6 cm厚。踩压紧实，对土壤墒情差的田块，栽后浇1次透水。

（二）种植形式

1. 大田种植

移栽时间多在3～4月初进行，在整好的种植地块上，按行距30 cm，株距15 cm挖穴，穴深15 cm，穴底挖松整平，施入底肥3000 kg/亩。然后将育成苗栽入穴内。每穴1株，覆土压紧。浇透水1次，确保成活率。野生黄精全年均可采挖，家种以秋季采挖为好。一般根茎繁殖的于栽后2～3年，种子繁殖的于栽后3～4年挖收。

2. 林下套种

林下套种选地要保证透光率在30%～40%；种植前，对林中枯老伤枝、灌木杂草进行清理，准备好农家肥或有机肥。10月底前完成整地。宜采取块状整地，深度25～30 cm，种植带宽1.2 m左右。

（三）种植方法

大田种植时行距35～40 cm，株距15～20 cm为宜，每亩栽8000～10000株；林下套种以每亩栽3000～5000株为宜。种植时多采取条播或穴播，种茎斜放，芽头朝上，或种苗每穴1株、盖土5～8 cm；也可采取将根茎平放，芽头朝下的平摆倒种法。种植后，入冬覆盖稻草、茅草或山核桃蒲等。

（四）田间管理

在春季黄精开花初期高出地面50 cm时，结合除草剪去植株顶端，同时摘除花朵（蕾），以促进地下茎的生长。

去顶摘花后，要及时给多花黄精追肥，以促进地下茎块的生长。有条件的地方可进行测土施肥，根据土壤养分监测结果，合理配制自制肥料。肥料施于行与行之间，不要离植株根部太近，以免烧伤植株。锄草松土宜浅，避免伤及地下根茎。

出苗前，保持土壤湿润，确保出苗。出苗后，雨季应及时清沟沥水，黄精块茎快速膨大生长阶段，遇久旱（连续10天不下雨）须及时一次性浇透水，不宜漫灌。

（五）病虫害防治

1. 主要病虫害

多花黄精的主要病害有黑斑病、叶斑病、炭疽病、根腐病、枯萎病等；主要虫害有蛴螬、小地老虎、飞虱、叶蝉等。

黑斑病：为黄精主要病害，病原为真菌中的一种半知菌，危害叶片，发病初期，叶片从叶尖出现不规则黄褐色斑，病健部交界处有紫红色边缘；以后病斑向下蔓延，雨季则更严重。病部叶片枯黄。

叶斑病：主要危害叶片，发病初期由基部开始，叶面出现褪色斑点，后病斑扩大呈椭圆形或不规则形，大小为1～2 cm左右，中间淡白色，边缘褐色，靠健康组织处有明显黄晕，病斑形似眼状。病情严重时，多个病斑连起引起叶枯死，并可逐渐向上蔓延最后全株叶片枯死脱落。该病病原属半知菌亚门。该病的发病特点为：一般于6月初在冬季未死亡的植株叶上出现新病斑，然后于7月初转移到当年萌发出的新植株基部叶上始发，并逐渐上移，到7月底发病已较严重，出现整株枯死现象。8～9月伴随着多种其他原因导致的田间植株死亡，发病达到顶峰。10月，发病植株上又有零星病斑出现，11月上旬普遍发生且严重。

炭疽病：主要危害叶片，果实亦可感染。感病后叶尖、边缘出现病斑。初为红褐色小斑点，后扩展成椭圆形或半圆形，黑褐色，病斑中部稍微下陷，常穿孔脱落，边缘略隆起红褐色，外围有黄色晕圈，潮湿条件下病斑上散生小黑点。病原为半知菌亚门腔孢纲黑盘孢目刺盘孢属真菌。4月下旬始发，8～9月最为严重。有逐年加重的趋势。

根腐病：此病主要侵染根部，病原为镰刀菌属的一种半知菌，发病初期根部产生水渍状褐色坏死斑，严重时整个根内部腐烂，仅残留纤维状维管束，病部呈褐色或红褐色。湿度大时，根茎表面产生白色霉层（即为分生孢子）。由于根部腐烂，病株易从土中拔起。发病植株随病害发展，地上部生长不良，叶片由外向里逐渐变黄，最后整株枯死。

茎腐病：病原为镰孢菌属的一种半知菌，受害植株由下部叶片向上逐渐扩展，呈现青枯症状（即青灰色，似开水烫过），最后全株显症，很容易与健株区别。有的病株出现急性症状，没有明显的由下而上逐渐发展的过程，这种情况在雨后乍晴较为多见。从始见病叶到全株显症，一般需1周左右，短的仅需1～3天，长的可持续15天以上，病株茎基部较软，内部空松（手捏即可辨别），遇风易倒折。植株根系明显发育不良，根少而短，变黑腐烂。剖茎检查，髓部空松，根、茎基和髓部可见到红色病症。

虫害中，蛴螬以幼虫为害根部，咬断幼苗或咀食苗根，造成断苗或根部空洞，为害严重。

2. 防治措施

主要的防治措施有农业防治、物理防治、生物防治和药剂防治。以预防为主，科学使用药剂防治。

（1）农业防治：选择抗病性强，无病虫害的多花黄精根茎；及时清理打扫田间病残植株和枯枝落叶；加强大田生长情况观察，及时准确进行病情预测预防。

（2）物理防治：根据害虫的不同特性，4月下旬至7月，在田间安装频振式杀虫灯或悬挂粘虫板等。频振式杀虫灯每10～15亩挂1盏，灯间距离80～100 m，离地面高度1.5～1.8 m，呈棋盘式分布，挂灯时间为5月初至10月下旬，雷雨天不开灯。黄板粘虫板（规格20×25 cm或25×30 cm）的悬挂量为40～60

张/亩，悬挂高度以黄板下端与作物顶部平齐或略高为宜。

（3）生物防治：利用天敌、昆虫病源微生物和微生物制剂，拮抗微生物及其制剂等进行防治。

（4）药剂防治：药剂防治时，不得使用国家明令禁止的农药，药剂选择及使用必须符合NY/T393《绿色食品农药使用准则》的要求。主要防治方法见表2（多花黄精主要病虫害防治药剂名录）。

表2　多花黄精主要病虫害防治药剂名录

防治对象	推荐药剂（安全间隔期）	施用方法
叶斑病	20%硅唑·咪鲜胺1000倍液（7天），38%恶霜嘧铜菌酯800～1000倍液（10天）或4%氟硅唑1000倍液（18天），50%甲基托布津1000倍液（7天），70%代森锰锌500倍液（15天）、80%代森锰锌400～600倍液（15天），50%克菌丹500倍液（10天）	喷雾、灌根、喷洒
黑斑病	4%氟硅唑（18天）、20%硅唑·咪鲜胺800～1000倍液（7天）、75%百菌清500倍液（7天）、80%代森锰锌500倍液（15天）	喷雾、灌根、喷洒
枯萎病	50%多菌灵可湿性粉剂（20天）、70%甲基硫菌灵可湿性粉剂（30天）、10%苯醚甲环唑水分散粒剂（10天）	喷雾、灌根、喷洒
炭疽病	70%丙森锌可湿性粉剂（7天）、70%甲基硫菌灵可湿性粉剂（30天）、25%嘧菌酯悬浮剂（30天）、70%代森锰锌可湿性粉剂（20天）、25%施保克可湿性粉剂（10天）	喷雾、灌根、喷洒
软腐病	农用链霉素200mg/L（10天）、敌克松原粉1000倍液（20天）、38%恶霜嘧铜菌酯800倍液（10天）、77%氢氧化铜可湿性粉剂400～600倍液（7天）	喷雾、灌根、喷洒
蛴螬	1.1%苦参碱粉剂（7天）、茶枯（5天）、90%敌百虫晶体（7天）或48%乐斯本（7天）。	喷雾、喷洒
小地老虎	90%晶体敌百虫30倍液拌炒过的麦麸或豆饼制成毒饵诱杀（7天）、辛硫磷（10天）。	喷雾、灌根
飞虱	20%菊马乳油（10天）、10%吡虫啉4000～6000倍液（10天）。	喷雾

（六）采收与加工

多花黄精宜选择在栽后第3～4年秋季采挖，茎秆上叶片完全脱落为最佳采收期。在无霜冻的阴天或晴天挖取带土黄精根茎，抖去泥土，剪去茎秆，除去残存植株、烂疤，用生活饮用水清洗干净后，置蒸锅内蒸至呈现油润时，取出，去须根，反复揉捏，晒干或烘干。干燥根茎采用食品级包装袋密封后，置阴凉通风干燥处贮藏。一般亩产干品400～500 kg，高产可达600 kg。

研究表明：多花黄精根茎的多糖含量与蒸晒次数密切相关，蒸晒3次多糖含量为27.3%，蒸晒5次多糖含量为30.5%，蒸晒7～9次多糖含量在37.1%～39%。古法炮制黄精，讲究九蒸九晒。《千金翼方》中亦有记载黄精的炮制方法："九月末掘取根，捡取肥大者，去目熟蒸，微暴干又蒸，暴干。"

加工好的黄精应选择通风、干燥、避光、防鼠虫和防潮密封的仓库储存，并定期检查产品保存情况。

华重楼栽培管理生产技术

郑平汉

重楼为百合科植物云南重楼（*Parisyunnanensis* Franch.）或七叶一枝花（*ParispolyphyllaS* mith.Var.*chinensis*（Franch.）Hara）的干燥根茎，是"淳六味"品种之一。秋季采挖，除去须根，洗净，晒干。重楼属植物在我国分布有19种18个变种，分布较广的是主产于云南、贵州、四川、陕西和湖北等地的云南重楼（滇重楼）和主产于浙江、安徽、福建、广东、广西的七叶一枝花（华重楼）。其味苦，性微寒；有小毒。有清热解毒，消肿止痛，凉肝定惊之功效，常用于疗疮痈肿，咽喉肿痛，蛇虫咬伤，跌扑伤痛，惊风抽搐。重楼生长较慢，生长周期较长。一般用带有顶芽的块茎栽种，要3～5年才可以采收。用种子播种，从播种到采收差不多要5～7年。因此，药用重楼大部分以野生采集为主。近几年由于过度采挖，野生资源进一步缩减，价格连年攀升，且呈逐渐上涨趋势，已成为贵重的中药材之一。因此，抓住时机做人工引种栽培，前景广阔。

一、生物学特性

多年生草本，高30～100 cm，茎直立，叶5～8片轮生于茎顶，叶片长圆状披针形、倒卵状披针形或倒披针形，长7～17 cm，宽2.5～5 cm。花梗从茎顶抽出，通常比叶长，顶生一花，宽1～1.5 mm，长为萼片的1/3至近等长，雄蕊8～10，花药长1.2～2 cm。花期5～7月，果期8～10月。生长于海拔500～3000 m的山谷、溪涧边、阔叶林下阴湿地，喜在凉爽、阴湿、水分适度的环境中生长，喜斜射或散光，忌强光直射，属典型的阴性植物。一般种子萌发，根生长发育和顶芽萌发的适宜温度为18～20℃，出苗为20℃，地上部植株生长为16～20℃，地下部根茎生长为14～18℃。

重楼具有越冬期长、营养生长期较短、生殖生长期较长的特点。其生育周期一般从11月中下旬倒苗后进入越冬，翌年3月开始萌动，5月就从台叶盘上抽薹开花，营养生长约1个月。从5月开花至10月种子成熟，生殖生长期长达5个月。根据药材道地性和淳安实际，种植品种以华重楼为宜。

二、繁育技术

（一）重楼种子繁育技术

1. 种子的采收

白露之后，待重楼蒴果开裂、种皮变成酱红色自然成熟，果皮爆开后，即可进行重楼种子的采收。

2. 种子前处理

用草木灰搓去种皮果肉，用清水洗净；随后用1%硫酸铜浸泡5分钟，或用0.1%多菌灵浸泡30分钟，对种子实施消毒；再将种子用清水洗净晾干，与洁净的湿润细沙（湿度以手握成团，松开即散为度）按照1：5的比例拌匀装于筐内，上盖3 cm厚的草木灰，置室内通风凉爽处层积处理，直到来年春季播种。层积期间注意喷水，保持细沙湿润。重楼种子具有"二次休眠"的特性，如果种子数量少，家中有冰箱，可将种子与湿润细沙按照1：1的比例拌匀后装于洁净的布袋中，在5℃左右的保鲜室存放2个月，再在20℃左右的室温下存放1个月，然后继续在冰箱保鲜室低温存放2个月，通过"低-高-低"变温处理打破休眠。湿沙层积、变温处理后的种子，播种前需再用100 mg/L赤霉素浸泡24小时，进一步打破休眠，提高种子的萌芽率。

3. 种子播种

（1）整地：选取排水良好、土层深厚、腐殖质丰富的酸性或微酸性沙壤土地，深耕后暴晒1个月，苗床宽40～80 cm，高20 cm，沟宽30 cm，表面为细土。

（2）底肥：整地后，于表面的细土上施用饼肥和磷肥作为底肥，饼肥施用量为100 kg/亩，磷肥施用量为300 kg/亩，施用底肥半个月后方可进行播种。

（3）播种：将处理好的种子播撒于苗床，每亩用种1 kg（约12000粒），表面覆盖2～3 cm厚的沙（或种蘑菇后剩下的基质），补充充足的水分。

（4）保湿遮阳：运用塑料薄膜覆盖保湿，每天定时通风，运用遮阳网遮阳，每15天检查1次，保持沙的湿度在约60%为宜。约每1个月浇灌生根水1次（根据实际土壤湿度确定具体浇灌间隔）。

（二）重楼快速种苗繁育技术

1. 不定芽的诱导和快速增殖

将重楼愈伤组织切成$1\sim3$ cm^{3}大小后接入 MS+BA（$1.0\sim4.0$ mg·L^{-1}）+IAA（$0.1\sim1.0$ mg·L^{-1}）+KT（$0.1\sim1.0$ mg·L^{-1}）培养基，在温度为4~8℃、每天光照8~12小时、光照强度为1000~1500lx的条件下进行培养。

2. 生根培养

当不定芽长至1.2~3.0 cm时，将200~500 mg·L^{-1}培养基中在培不定芽连同其基部的愈伤组织一同切下并转接到生根培养基1/2 MS+IBA（$0.1\sim1.0$ mg·L^{-1}）+NAA（$0.1\sim0.5$ mg·L^{-1}）+活性炭（0.1%~1.0%）中，在温度为15~22℃、每天光照6~10小时、光照强度为500~1500 lx的条件下进行培养。

3. 炼苗和移栽

当组培苗长出第一片心形真叶且不定根生长2~4条以上时，打开瓶盖，将组培苗从培养瓶中取出，洗去其上的培养基后，先将其放入无菌水中栽培3~7天，然后再移栽至松软的苗床中生长。

（三）重楼苗期管理

1. 施肥

出苗后，重楼种子长出一片心形子叶，定期进行叶面施肥（天气不好时，每半个月1次；天气好时，每月1次），倒苗后可施腐熟的菌肥。

2. 薄膜管理

重楼种子的萌发需要高温高湿的环境，最适温度为22～25℃，当棚内温度高于最适温度时，应根据实际情况增加通风时间，待第2年春天温度达到10℃以后，可撤去薄膜。

三、栽培技术

（一）重楼苗移栽

1. 整地

认真清除地块中的杂灌、杂草、杂质和残渣，深翻后将腐熟的农家肥均匀地撒在地面上，施用标准为2～3 t/亩，再深翻30 cm以上暴晒1个月，以消灭虫卵、病菌，然后细碎耙平土壤。

林下种植需适宜修剪高处的树枝，保证遮阴度在80%左右，以免幼苗移植后受到强阳光直射，造成幼苗灼伤。同时，要随着移栽定植年限的增加，适宜修除高处多余的树枝，原则上移栽2年后遮阴度在70%，4年后在50%～60%。大田需搭遮阴网遮阴。为便于管理遮阴网的高度应保持在1.8～2 m，在固定遮阴网时应考虑以后的收拢和展开，在冬季风大和下雪的地区待重楼倒苗后（10月中旬），应及时将遮阴网收拢，第2年4月份出苗前再把遮阴网盖好。

2. 移栽

移栽的时间可以选择在春季3～4月芽萌动前，也可以选择在10～11月上旬进行。在阴天或午后阳光弱时进行，按株行距

20 cm×20 cm进行移栽，在畦面横向开沟，沟深4～6 cm，随挖随栽，注意要将顶芽芽尖向上放置，根系在沟内展开，用开第二沟的土覆盖在前一沟。畦面要覆盖松针或腐殖土，厚度以不露土为宜。栽好后浇透定根水，以后随时保持土壤湿润。

（二）移栽定植后的管理技术

1. 间苗与补苗

在移栽后每年的5月份，需要对种植地或直播地适当拔除一部分过密、瘦弱和有病虫害的幼苗，同时及时补栽，以保证每亩的苗数。在补苗时要浇定根水，保证苗的存活及足够的小苗密度。

2. 中耕、除草和培土

中耕除草宜浅锄，先拔除植株周围的杂草，再用小锄头轻轻除去其他杂草或中耕，操作时不能过深，以免伤及根部及幼苗，追肥可结合中耕除草进行。一般每年须中耕3次以上，即种植后至植株封行前2～3次，花果期结束后1～2次。

3. 灌溉和排水

移栽后第10～15天应及时浇水1次，使土壤水分保持在30%～40%。出苗后的需水量不同，出苗前对水需求少，不宜浇水，否则易烂根。出苗后需水多，畦面及土层要保持湿润，并注意理沟，保持排水畅通。多雨季节要及时排水，切忌畦面积水，否则易造成病害。

4. 追肥

肥料以有机肥为主，辅以复合肥和各种微量元素肥料，不用或少用化肥，禁用化学氮肥，根据生长发育需要合理追肥。施肥时间选在营养生长的旺盛期及挂果阶段，即4、6、10月份，采用撒施或兑水浇施，时间最好选在下雨前，或者施肥后浇1次水。

5. 摘蕾

根据生长的需要，如果不留种，为减少养分消耗，使养分集中供应在地下根茎部分，促进根茎生长，在4～7月份出现花萼片时，应及时摘除子房，保留萼片，通过增进光合作用提高产量。

6. 遮阴

不同生长年限的重楼需光度不同，原则上2～3年生苗需光10%～20%，4～5年生苗需光30%左右，5年以后的苗需光40%～50%。因此，对林下种植的地块，透光率过低时，需修除林木过多的枝叶；遮阴度不够时，可采取插树枝遮阴的办法。

（三）病虫害防治

采取"预防为主，综合防治"的方针。以农业防治和物理防治为主，加强生物防治，按照病虫害的发生规律，科学使用化学防治技术，有效控制病虫为害。农药的使用应符合《农药安全使用标准》的规定。

1. 重楼主要病害及防治方法

危害重楼生产的主要病害为根茎部病害（茎腐病、立枯病）和叶部病害（褐斑病、白霉病、细菌性穿孔病和黑斑病），各种病害的发生和危害程度与气候因素（温度、湿度等）、土壤因素（土壤带菌量、土壤质地及含水量等）、种根（种根带菌量）等因素密切相关，同时这几种病害往往相互交叉影响，严重时可造成重楼40%以上的减产，给生产造成很大的影响。发生病害多在6～7月份高温阴湿季节，一般6月份开始发病，7～8月份较为严重。

（1）褐斑病。病害都是从叶尖、叶基开始，会产生近圆形的病斑，有时病害会蔓延至花轴，形成叶枯、茎枯。

防治措施：注意土壤湿润，降低空气的湿度，以减轻发病；在发病初期用50%异菌脲SC（扑海因）800～1000倍液或15%咪鲜胺ME1000～1500倍液每7天喷雾1次，连续3～4次。

（2）茎腐病。此病频发期为苗床期，为害最为严重时为大田高湿度期。初始病症会在茎基部产生黄褐色病斑，待病斑扩大后，叶尖将会失水下垂，严重时会导致茎基湿腐倒苗。

防治措施：与禾本科作物3年以上轮作；移栽前，苗床需喷50%多苗灵可湿性粉剂1000倍液，作为"送嫁药"；剔除病苗；大田发病初期同褐斑病用药。

（3）叶枯病。主要为害叶片，其次为害茎、花梗、蒴果以及地下茎，造成地下茎糜烂，先从叶尖出现水渍状，逐渐向下蔓延至地下茎。

防治措施：及时排水松土，可用波尔多液或代森锰锌喷雾。

（4）猝倒病。由腐霉菌引起。发病的症状为：从茎基部感病，初发病为水渍状，并很快向地上部扩展，病部不变色或黄褐色并缢缩变软，病势发展迅速，有时子叶或叶片仍为绿色时即突然倒伏。开始往往仅个别幼苗发病，条件适宜时以发病株为中心，迅速向四周扩展蔓延，形成块状病区。高湿是发病的主要原因。

防治措施：发病初期清除病苗后施药。可用65%代森锌可湿性粉剂500倍液喷雾；或用75%百菌清1000倍液喷施；也可用石灰粉1份与草木灰10份混匀后撒施。

（5）炭疽病。由炭疽菌属引起，叶片上产生点状近圆形或不规则形褐色病斑，病斑中部浅褐色或灰白色，其上高湿时产生黑点状子实体，病斑边缘深褐色至红色。病害严重时叶片上多个病斑连接成片，叶片枯黄死亡。病菌在土壤病残体中越冬，第2年雨季来临时侵染健株发病，并通过分生孢子盘突破寄主表皮，其盘上分生孢子借风、雨在田间反复循环侵染进行为害。种植密度大、排水不良、阴雨多湿、多年连作田块发病重。

防治措施：45%天研咪鲜胺1000倍液、世佳1000倍液、普生800倍液、中研乐康1500倍液、多彩钙镁、沃特劳1号1500倍液叶面喷雾。

2. 重楼主要虫害及防治方法

主要有地老虎和金龟子及其幼虫蛴螬，主要危害为伤食重楼的茎和根茎，使之倒伏或形成不规则的凹洞。

每亩用90%敌百虫50～70g拌20 kg细潮土撒施或用50%辛硫磷乳剂0.5 kg拌鲜菜叶做成毒饵，每亩撒施5 kg。金龟子及幼虫也可采用夜间用火把诱杀成虫，用鲜菜叶喷敌百虫或敌敌畏放于墙面诱杀幼虫。

四、采收与加工

以重楼种子栽培的5年收获块茎入药，块茎种植的3年后采收块茎入药，秋季倒苗前后，及11～12月至翌年3月前均可收获。重楼块茎大多生长在表土层，容易采挖，但要注意保持茎块完整。先割除茎叶，然后用锄头从侧面开挖，挖出块茎，抖落泥土，清水刷洗干净后，趁鲜切片，片厚2～3 mm，晒干即可。阴天可用30℃左右微火烘干。

五、质量标准

重楼药材呈结节状扁圆柱形，略弯曲，长5～12 cm，直径1.0～4.5 cm。表面黄棕色或灰棕色，外皮脱落处呈白色；密具层状凸起的粗环纹，一面结节明显，结节上具椭圆形凹陷茎痕，另一面有疏生的须根或疣状须根。顶端具鳞叶和茎残基。质坚实，断面平坦，白色至浅棕色，粉性或角质。气微，味微苦、麻。

三叶青栽培管理生产技术

郑平汉

三叶青，正名：三叶崖爬藤（*Tetrastigma hemsleyanum Diels et Gilg*），又名金线吊葫芦、蛇附子、石老鼠，属鼠李目葡萄科草质藤本。三叶青每年5月份开花至秋季末结果，花期较长，果实为绿豆般大小，色泽鲜红艳丽，味甘、性凉，具有滋补功效，属极品。中药材三叶青的用药部位为葡萄科崖爬藤属植物三叶青的块根、果实或全草，以地下块根和果实的药用效果最好，全年可进行采收，晒干或鲜用均可。分布于湖南、浙江、江西、福建、湖北、广东、四川等地，是"淳六味"品种之一，也是"新浙八味"培育品种之一。其性平、味微苦，具有清热解毒、祛风化痰、活血止痛等功效，主治毒蛇咬伤、扁桃体炎、淋巴结结核、跌打损伤、小儿高热惊厥等疾病。现代医学研究证明，三叶青的提取制剂对食道癌、肺癌、肝癌、胃癌、肾癌、胰腺癌、胆囊癌、乳腺癌、宫颈癌、白血病、淋巴癌、卵巢癌、膀胱癌、前列腺癌等多种原发癌、转移癌等均具有很好的治疗作用。

一、生物学特性

三叶青主要分布在长江以南地区，生长在海拔300 m以上的阴湿山坡、山沟或溪谷旁林下，生长需时隐时现的散光照射和湿润的气候，在阳光直射的地方偶有生长，但生长不良；根部周围要有细水渗出，耐旱、忌积水，耐寒；根茎处要有树叶覆盖，喜凉爽气候，常年气温保持在18～25℃则生长健壮，冬季气温降至10℃时生长停滞，具有极强的地域选择性，需要在腐殖质含量丰富或石灰质的土壤中种植为最佳。三叶青年生长发育阶段过程具有明显的萌芽期、快速生长期、缓慢生长期、秋季快速生长期、休眠等一致的生长规律，具体归纳为萌芽期在每年的3～4月，快速生长期为5～7月，高温缓慢生长期8～9月，秋季快速生长期为10～11月，低温休眠期为12月至次年3月，共5个时期。

二、基地选择

宜选择生态条件良好，海拔在200～800 m、年均温在-5～38℃之间的高畦、利于排水的熟化梯田，禁选择低洼、排水不良、连片、雨季易积水的大田或刚开垦的山地；水源清洁，远离污染源。

三、扦插育苗

1. 插穗选取及处理

在母本株上选择生长健壮的2年生枝条，修剪成2～3节的插穗，上部留一叶，扦插前用生长激素IBA500 mg/L+甲基托布津（70%粉剂）500倍液整段浸1分钟处理，于2月上旬至6月下旬或10月中旬至12月下旬扦插。

2. 基质及方法

以70%细泥土+20%泥炭+5%珍珠岩+3%缓释肥+2%草木灰作扦插基质，用50孔穴盘扦插。

3. 插后管理

遮阴：扦插前架好遮阴棚架，覆盖遮光率50%～60%的遮阴网。

保湿：扦插后在穴盘上架好塑料拱棚，保持塑料棚内温度在20～30℃、湿度在60%～80%之间。

施肥：插穗基部有根原体出现后，每半个月追施1次浓度0.25%的磷酸二氢钾叶面肥。

炼苗：扦插2～3个月后，适当延长通风时间和提高光照，以提高种苗适应外部环境的能力。

出圃：生长健壮、无病虫害，根系发达，根3条以上，叶3片以上，叶片嫩绿或翠绿即可出圃。

四、栽培管理

三叶青最简单的种植方法是利用高大又较稀疏的树木或南北朝向的山区毛竹山进行种植。只要掌握好光照度，勤除草即可。该方法成本低，质量好，但不易管理，产量不稳定，种植地域受限。其次是利用某些藤本植物如吊瓜、葡萄、带藤瓜果等的棚架遮挡阳光进行套种，要求棚架高度在2 m以上，种植面积要大，周边无污染源。该方法能充分利用土地资源，投资小，收益高，是比较实惠可行的种植方式。第三是搭建棚架，用遮阳网或树枝、柴草等遮挡太阳光种植三叶青，要求所搭棚架高度2.4 m以上（过低易被盛夏强光灼伤）。应选择无水土污染、有水源、能抗旱排涝、地块较大、偏酸性土壤、周围环境较好的坡地、旱地、稻田进行种植，以山区或丘陵山区进行种植为佳。该方法易管理，能掌控光照度，块根质量好、产量最高，适合大面积规模化种植。

1. 整地做畦

翻耕前，亩施腐熟的栏肥或专用有机肥250～400 kg、磷肥50 kg、草木灰50 kg或三元复合肥（N∶P∶K=12∶18∶21）50 kg，深耕25 cm，耙细整平。做龟背形畦，宽50～60 cm、高25～35 cm。畦之间开排水沟，使沟沟相通，排水良好。

2. 设施准备

在定植前，覆盖透光率45%～65%的遮阴网，海拔越高，遮阴率越低。

3. 移栽

（1）移栽时间。4月上旬至5月下旬或10月中旬至11月下旬即可移栽。株距30 cm、行距25～30 cm定植。

（2）容器栽培。容器袋选择材质为无纺布袋或底部有排水孔的塑料袋，袋的尺寸为口径25～30 cm，高30～35 cm。基质装袋：以70%园土+20%腐熟的栏肥或专用有机肥+5%磷肥+5%草木灰或三元复合肥（N∶P∶K=12∶18∶21）作栽培基质。配制好的基质装入容器中，装至袋口拍平即可。按照2只袋一排排列在种植畦上。每个容器2株定植，栽后压实，浇透定根水。

4. 栽后管理

（1）浇水保苗。定植初期，3～5天浇水1次，保持地面湿润，不积水。

（2）补苗。定植1个月后，要对苗进行一次检查，发现枯苗、缺苗，应在每年种植季节及时补苗，以保证全苗。

（3）搭架。三叶青藤蔓长到35～40 cm时，搭架引蔓攀缘。

（4）除草。幼龄期每年5～11月人工除草2～3次。1年后每年人工除草1次，不使用化学除草剂。

（5）施肥。每年追肥2次，第1次在2～3月植株抽芽前，第2次在11～12月块根膨大期，每亩用三元复合肥（N：P：K=12：18：21）15 kg，用水溶解后灌根。

（6）控制光照度。长时间的太阳光直射，三叶青将不能存活。在春末、夏季、秋初应酌情遮挡60%左右的太阳光，秋后及冬季和初春时节则需稍高的光照度，以利三叶青块根生长，提高产量。要使三叶青块根高产的关键是在搞好田间管理的同时控制好光照度和掌握好采收时间；其次是肥料的合理运用和湿度调节。

五、病虫害防治

三叶青人工栽培中，常见病害有叶斑病、根腐病、霉菌病，常见虫害有蚧壳虫、蚜虫、红蜘蛛。在目前人工三叶青栽培过程中，未发现大面积暴发的病害。但是需要注意的是夏季雨水过多时，没有做到及时排水，造成田内大量积水，可能引发三叶青根腐病、霉菌病和叶斑病。

防治原则：坚持贯彻保护环境、维持生态平衡的环保方针及"预防为主、综合防治"的原则，采取农业防治、生物防治和化学防治相结合，做好三叶青病虫害的预防预报工作，提高防治效果，将病虫为害造成的损失降低到最小。

农业防治：采用优良品种，按本标准生产。加强生产场地管理，保持环境清洁，合理灌溉，科学施肥。适时通风、降湿。

物理防治：采用杀虫灯、粘虫板等诱杀害虫，宜用防虫网隔离。

生物防治：采用稀释300～500倍的竹醋液防病避虫。采用信息素等诱杀害虫，使用生物农药、天敌等防治病害虫。

化学防治：选用已登记的农药或经过农业技术推广部门试验后推荐的高效、低毒、低残留的农药品种，避免长期使用单一农药品种；优先使用植物源农药、矿物源农药及生物源农药。禁止使用除草剂及高毒、高残留农药。

1. 根腐病

（1）主要症状：三叶青根腐病主要危害幼苗，成株期也能发病。发病初期，仅仅是个别支根和须根感病，并逐渐向主根扩展，主根感病后，早期植株不表现症状，后随着根部腐烂程度的加剧，吸收水分和养分的功能逐渐减弱，地上部分因养分供不应求，新叶首先发黄，在中午前后光照强、蒸发量大时，植株上部叶片才出现萎蔫，但夜间又能恢复。病情严重时，萎蔫状况夜间也不能再恢复，整株叶片发黄、枯萎。此时，根皮变褐，并与髓部分离，最后全株死亡。

（2）发病原因及规律：根腐病主要由腐霉、镰刀菌、疫霉等多种病原侵染引起。病菌在土壤中或病残体上越冬，成为翌年主要初侵染源，病菌从根茎部或根部伤口侵入，通过雨水或灌溉水进行传播和蔓延。地势低洼、排水不良、田间积水、连作及棚内滴水漏水、植株根部受伤的田块发病严重。年度间春季多雨、梅雨期间、多雨的年份发病严重。

（3）防治方法：使用甲霜恶霉灵、多菌灵等进行土壤消毒，且可兼治猝倒病、立枯病。种苗根系用甲霜恶霉灵1200倍液浸12小时后扦插。

（4）田间管理：精耕细整土地，悉心培育壮苗，在移植时尽量不伤根，精心整理，保证不积水沤根，施足基肥；定植后要根据气温变化，适时适量浇水，防止地上水分蒸发、苗体水分蒸腾，隔绝病毒感染；分别在花蕾期、幼果期、果实膨大期喷施磷肥，增强植株营养匹配功能，使果蒂增粗，促进植株健康生长，增强抗病能力。

2. 叶斑病

（1）主要症状：三叶青叶斑病的主要症状是叶片上产生黑褐色小圆斑，后扩大或病斑连片呈不规则大斑块，边缘略微隆起，叶两面散生小黑点。

（2）发病原因及规律：三叶青叶斑病的叶斑病菌在病残体上或随之到地表层越冬，翌年发病期随风、雨传播侵染寄主。一般在夏季高温、高湿条件下发病重，但温室中四季均可发生。连作、过度密植、通风不良、湿度过大均有利于发病。

（3）防治方法：从发病初期开始喷药，防止病害扩展蔓延。常用药剂有20%硅唑·咪鲜胺1000倍液、38%恶霜嘧铜菌酯800～1000倍液或4%氟硅唑1000倍液、50%甲基托布津1000倍液、70%代森锰锌500倍液、80%代森锰锌400～600倍液、50%克菌丹500倍液等。要注意药剂的交替使用，以免病菌产生抗药性。

3. 霉菌病

（1）主要症状：三叶青霉菌病主要表现为叶片下表面出现白色菌丝团，严重时导致三叶青成片死亡。

（2）发病原因及规律：夏季高温、高湿的环境中，三叶青生长过于旺盛或者种植密度过大，容易造成三叶青间不通风。

（3）防治方法：发病初期及时剪除病叶，并用50%多菌灵可溶性粉剂600～1000倍液喷洒叶片，连续喷洒3次。

4. 红蜘蛛

（1）主要症状：红蜘蛛为害症状俗称火龙，因红蜘蛛为刺吸式口器，常聚集叶背刺吸汁液。受害叶片开始为白色小斑点，继而褪绿变为黄白色，严重时叶片橘黄呈锈褐色，如火烧一样，故此得名。造成落叶，果实发育缓慢，果实皮质粗糙，植株枯死。

（2）防治方法：

农业防治：及时清除受红蜘蛛为害的植株及其附近的杂草，高温干旱天气加强水肥管理，防止田间湿度过低。收获后彻底清除病残叶，浇水并深翻地块破坏其越冬场所。

化学防治：加强虫情调查，力争防治在点片发生阶段，用药时重点喷洒叶背。可选用73%螨特乳油100倍液，或40%菊马乳油2000～2500倍液。每周喷洒1次，交替用药，连续喷洒2～3次防治效果较好。

六、收获与产地初加工

采收时间：三叶青种植3～4年后，藤的颜色呈褐色，块根表皮呈金黄色或褐色时可采收，可在晚秋或初冬采挖。

初加工：取三叶青地下块茎，除去杂质、洗净、干燥或切厚片干燥。

七、贮藏与运输

仓库要求：清洁无异味，远离有毒、有异味、有污染的物品；通风、干燥、避光、配有除湿装置，并具防虫、鼠、畜禽的措施。

方法：应存放在货架上，与墙壁保持足够的距离，不应有虫蛀、霉变、腐烂等现象发生，并定期检查，发现变质后应当剔除。

运输：运输工具应清洁卫生、干燥、无异味，不应与有毒、有异味、有污染的物品混装混运。运输途中应防雨、防潮、防暴晒。

淳木瓜栽培管理生产技术

詹 佳 郑平汉

一、基本情况

木瓜为蔷薇科植物贴梗海棠或木瓜的成熟果实。性味酸温，入脾、肝经。落叶灌木或小乔木，高可达7 m，无枝刺；梨果长椭圆形，长10～15 cm，深黄色，具光泽，果肉木质，味微酸、涩，有芳香，具短果梗。花期4月，果期9～10月。

木瓜以成熟的果实入药，性温，味酸涩，内含皂苷、黄酮、苹果酸、酒石酸、枸橼酸及维生素C等多种成分，能舒筋活络、和胃化湿，主治风湿、关节疼痛、腰腿酸痛以及吐泻腹痛、四肢抽搐等病。我国以木瓜为原料泡制的药酒种类很多，用于舒筋活络、强身健骨效果极佳，是很好的大众化保健饮品。

资源分布：主要分布在山东、河南、陕西、安徽、江苏、湖北、四川、浙江、江西、广东、广西等省区。

木瓜通常分为光皮木瓜和皱皮木瓜2大类。

海棠木瓜：为光皮木瓜，花色烂漫，树形好、病虫害少，是庭园绿化的良好树种，可丛植于庭园、墙隅、林缘等处，春可赏花，秋可观果。种仁含油率35.99%，出油率30%，无异味，可食并可制肥皂。果实经蒸煮后做成蜜饯；也供药用，但它的药效甚微，由于药用效果差，国家食品药品监督局于2003年下文，禁止作为药用。

皱皮木瓜是药用木瓜的总称，它的具体品种有：

皱皮木瓜：为植物贴梗海棠的成熟果实。主产于安徽、浙江、湖北等地。落叶灌木，高可达2 m，具枝刺；梨果球形至卵形，直径3～5 cm，黄色或黄绿色，有不明显的稀疏斑点，芳香，果梗短或近于无。花期4月，果期10月。

宣木瓜：又名宣州木瓜。产于安徽宣城，品质亦佳，销往全国，并供出口。属于皱皮木瓜。

川木瓜：又名花木瓜。产于安徽、四川、重庆、浙江等地，品质亦优，销往全国。属于皱皮木瓜。

资木瓜：产于湖北资邱，品质亦佳，销往全国。属于皱皮木瓜。

山木瓜：产于山东、湖北、湖南。

云木瓜：产于云南、贵州、西藏。

淳木瓜：产于浙江淳安左口、光昌、临岐一带，果实个大、质地醇厚，品质最佳，在中药界享有盛誉。属于皱皮木瓜。为蔷薇目蔷薇科植物贴梗海棠的干燥近成熟果实。夏、秋两季果实绿黄时采收。收载于《中国药典》一部（1985版）。木瓜的木瓜枝、木瓜核、木瓜根、木瓜叶等也都有药用价值，为中医常用药材，其性温，味酸涩，入脾、胃、肝三经，有平肝舒筋、和胃化湿之功。

　　木瓜最早收载于秦汉时期的《神农本草经》，书中记载：
"木瓜，生夷陵。"南北朝《本草经集注》云："山阴兰亭尤
多，今处处有之，而宣城者为佳。"宋《本草图经》载："木
瓜处处有之，而宣城者为佳。"民国时期开始，产地首推浙江
淳安县，认为淳木瓜品质佳，为道地药材。

　　我县种植木瓜历史悠久，民国十九年（1930年）版《遂安
县志》中已将其收载于物产类，随后出版的各版淳、遂两县县志
均有收载。我县所产皱皮木瓜，素有"淳木瓜"之称，以其果实
个大，质地醇厚，清香可口，而在医药界享有较高的声誉。

　　追溯淳木瓜有关记载，在民国《增订伪药条辨》中述到：
"木瓜处处虽有，当以宣城产者为胜，陈久者良，气味酸温，
皮薄，色黄赤，味极芳香。炳章按：木瓜为落叶灌木之植物，
干高五六尺，叶长椭圆形，至春先叶后花，其花分红白两种，
颇美艳，秋季结实，长圆形。产地首推浙江淳安县，名淳木
瓜，安徽宣城产者，名宣木瓜，体结色紫，纹皱，亦佳。其余
紫秋巴东、济南等处所产，虽亦有佳种，然不及以上两处之
美。"《中药材手册》记载："主产于安徽宣城、宁国，浙江
淳安、昌化，湖南慈利、湘乡，湖北长阳、资丘，四川江津、
綦江等地。"《中华本草》记载："以安徽宣城、湖北资丘和
浙江淳安所产质量最好。安徽宣城产者称宣木瓜，浙江淳安产
者称淳木瓜，四川綦江产者名川木瓜。"2019年2月，淳安县临
岐中药材产业协会获得了"淳木瓜"国家地理标志证明商标。

　　我县淳木瓜生产以左口乡为主，据调查记载，在20世纪60
年代时，现左口乡种植面积高达524亩，年产1万余千克，为我

县淳木瓜生产基地，其他如文昌、金峰等乡也有零星种植。但时至今日全县木瓜基地只剩200亩左右，1980年到1985年，平均年收购量也仅达2.1 t。据了解，1978年县医药公司在左口乡扶植的180亩木瓜，现也仅剩80亩左右，而且这80亩木瓜也处于无人栽培管理，任其自然生长的状态。我县木瓜的生产面临淘汰之危机。

二、形态特征

木瓜为落叶灌木，花期4月，果期9～10月。高2～5 m，大枝上有长达2 cm的直刺，小枝圆柱形，无刺，嫩时紫褐色，无毛，老时暗褐色，树皮成片状脱落。叶片椭圆状卵形或椭圆状长圆形，稀倒卵形，长5～8 cm，宽3.5～5.5 cm，先端急尖，基部宽楔形或圆形，边缘有刺芒状尖锐锯齿，齿尖有腺，幼时下面密被黄白色绒毛，不久即脱落无毛；叶柄长5～10 mm，微被柔毛，有腺齿；托叶膜质，卵状披针形，先端渐尖，边缘具腺齿，长约7 mm。花单生于叶腋，花梗短粗，长5～10 mm，无毛；花直径2.5～3 cm；萼筒钟状，外面无毛；萼片三角状披针形，长6～10 mm，先端渐尖，边缘有腺齿，外面无毛，内面密被浅褐色绒毛；花瓣倒卵形，淡粉红色；雄蕊多数，长不及花瓣之半；花柱3～5，基部合生，被柔毛，柱头头状，有不显明分裂，约与雄蕊等长或稍长。果实长椭圆形，长10～15 cm，皮厚1～2.5 cm，暗黄色，木质，味芳香，果梗短。

1. 生长环境

淳木瓜喜温暖湿润的气候，适应性强，主要分布在通透性较好的沙质土、石灰岩土、红壤土为主的荒地，旱地旁及村庄附近零星旱地上，由于我县这些区域常年平均气温在16～17℃，无霜期达250天，此种阳光充足、降雨量充沛、尤其夏季基本上处于湿润状态的自然地理条件，为淳木瓜的生长提供了理想的自然环境。

三、药用价值

一般的消炎止痛药和免疫调节药中，消炎止痛只能治其标，免疫调节才是治本，而木瓜里恰恰二者治疗成分兼有。宋许叔微在《本事方》中记有一医案：安徽人顾安中一次外出，突感腿脚胀痛，不能行走，只能搭船回家。在船上，他无意中将两脚放在了一个袋子上，下船时发现肿胀痛苦已然好了许多，遂问船家袋中为何物，得知是木瓜，其回家后购木瓜照原来使用，不久腿脚病竟然康复。综上所述淳木瓜有舒筋活络、和胃化湿的功效，用于治疗湿痹拘挛，腰膝关节酸重疼痛，暑湿吐泻，转筋挛痛，脚气水肿。《本草拾遗》和《海药本草》也分别指出了其化食止渴等功效。

现代的药理研究进一步证实了淳木瓜的中医药功效，证明淳木瓜和宣木瓜一样含有19种氨基酸、18种矿物微量元素，以及大量维生素C，同时还含有皂苷、黄酮、苹果酸、枸橼酸、柠檬酸、酒石酸、抗坏血酸、反丁烯二酸、鞣质等，含有过氧化氢酶、酚氧化酶、氧化酶，特别是富含超氧化物歧化酶（SOD）和齐墩果酸。其SOD的含量是世界上所有水果中无与伦比的，SOD是现代美容养颜产品的核心物质，可以有效消除体内过剩的自由基，增进肌体细胞更新。齐墩果酸具有广谱抗菌作用，具有护肝降酶、促免疫、抗炎、降血脂血糖等作用。含有多种活性物质，其作为天然抗氧化剂，可高效清除体内自由基，具有抗氧化活性。民间常有"木瓜丰胸"之说，因为木瓜中含有木瓜酵素和维生素A，可刺激荷尔蒙分泌，有助于丰胸。

四、生产技术

和其他中药材一样，淳安的淳木瓜在很长一段时间内较为依赖野生资源的采摘。近年来，随着市场的发展和政府的重视，淳木瓜的保种栽培开始启动。现整理出一套适合当地的淳木瓜栽培技术，供参考。

1. 建园

（1）选择交通便利、远离污染源，土质疏松、肥沃，向阳的荒旱地区，屋前屋后的空地栽培。

（2）根据基地规模、地形和地貌等条件，设置合理的道路系统和水利系统。

（3）园地开垦时应注意水土保持，在种植深度内有明显障碍层（如硬塥层或犁底层）的土壤应破除障碍层，清除土层内的竹鞭、芒萁及茅草根等。

2. 育苗

（1）种子繁殖法：当果实变为暗黄色成熟后采摘，风干贮藏，翌年的3～4月剖开果实，取出种子，秋播的可选择11月进行。播种前用温水浸种2～3天，按行距20 cm，株距15 cm，穴深10 cm开穴播种。播种方法可用盆播、苗床播种，播后覆土1 cm，覆盖塑料膜保温保湿，约20天左右出苗。出苗后要按行距50 cm，株距20 cm栽植，保持水分充足。待苗长1年以后定植，挖坑50 cm见方，行株距2 m×2m，坑内施底肥并拌土，盖土压实，浇水。苗期要及时拔草、松土、施肥和浇水。此法繁殖率高，但开花结果晚。

（2）扦插繁殖法：我县一般均在清明前后进行。扦插繁殖应选择1年生、生长健壮、无病虫害的枝条截成20 cm长的插穗，每根带芽眼3个。下端削成马耳形，放入500 ppm的ABT生根粉溶液中浸泡一下，稍凉，即可按行株距15cm×10cm，插入整好的畦面上。若采用塑料薄膜小拱棚培育更好。培育1年后即可移栽。淳木瓜分蘖力极强，常发生许多根蘖苗，可于春季连根挖出根蘖苗另行定植。

（3）分株繁殖法：农户多采用此法，多在春秋两季进行，在其根部选生长1年以上，60 cm长的枝条，刨露一部分根部，然后劈开，连带根须，随即栽植。如大片营造，则新造林一般控制在每亩栽植80株，以梅花形开穴，每穴栽苗1株。

（4）压条繁殖法：于每年春秋两季将近地面的枝条压入土中，并将入土部分刻伤，待生根发芽后，截离母株，另行定植。移栽常于冬春两季进行，按行株距2 m×2 m（165株/亩）定植在整好的畦面上，浇水保墒，以利成活。

3. 定植

（1）整地：彻底清除树根、杂草、秸秆等杂物，平整地面，深耕20～25 cm。开挖70 cm见方的坑穴，每穴栽苗1株，控制每亩80株密度。

（2）施底肥：坑内放入土肥等有机肥作为底肥，再覆盖40～50 cm厚的细土，让坑内有机杂肥自然发酵，15～30天以后，再将木瓜苗种入，并保持土壤一定的湿润。

（3）定植时间：春季以2月至3月上旬为宜；秋季以11月中下旬为佳。

（4）种植防护：木瓜系浅根性树种，中老龄树干皮秀丽，多直伸枝条，萌芽抽枝能力较强。因此，种植过程中，一要防伤皮，树干及主枝尽量用草绳缠绕严密，1～2年内不要解开，任其自然烂掉；二要防伤干，切忌重截和不注重保护枝干的现象，以免影响景观效果；三要防伤根，起挖木瓜植株时，要尽量放大开挖直径，最大限度地保证每一个侧根的完整性，防止随意断根行为，从根本上为树木的成活提供保证。

（4）定植后管理：田间管理淳木瓜成活齐苗后，应注意中耕除草。干旱天气经常浇水，阴雨天气及时排水。定植后前几年，可适当间作些矮秆作物，以便以短养长。并修剪成自然开心形的植株。每年冬季追肥1次：每亩追施土杂肥3000 kg，复合肥50 kg。

4、药园管理

（1）土壤管理：结合秋施基肥进行扩穴深翻，在进入盛果期后对全园进行深翻。一般锄草和松土同时进行，每年2～4次。

（2）施肥管理：施肥每年3次，春季追好花前肥，常追施人粪肥0.4～0.6 t/亩或每亩追施5 kg尿素、10 kg复合肥，提高坐果率。5月下旬施果实膨大肥，每亩施尿素20 kg、复合肥50 kg。

秋施基肥，每亩施圈肥或土杂肥1.5～2.5 t。于树冠外缘下开环状沟施入，施后盖土。在冬季，要进行培土防冻工作，同时在冬春两季做好陈年木瓜树的整修工作，剪去病枝、枯枝、不结果老枝及主干离地1 m以下的刺和分蘖等，一般每株木瓜树留主枝10根左右，使树形内空外圆，以促进新枝生长。

（3）水分管理：木瓜不耐涝，根际禁积水，注意设置排水沟。

（4）整形修剪：从株丛中选择生长健壮的主干5～6根，培养成自然开心形的植株，于每年冬季进行整枝修剪，剪除枯枝、细弱枝、衰老枝、徒长枝、病虫枝以及生长过密的枝条。木瓜多在2年生枝上结果，因此，每年秋季采果后应短截修剪，即保留枝长30 cm左右，剪去顶梢，以促使多发分枝，多开花结果。通过几年的整枝修剪，形成外圆内空、通风透光、枝条疏朗、强健、里外都能结果的丰产树形。

（5）除草：每年进行中耕除草，提倡人工除草，根系周围宜浅，远处稍深，切勿伤根。禁止使用除草剂或有机合成的植物生长调节剂。

5. 病虫害

危害木瓜的病害种类约有10余种，其中以轮纹病、炭疽病、灰霉病、锈病、叶枯病、干腐病、褐斑病等的危害较为严重，而为害木瓜的害虫主要有梨小食心虫、桃蚜、桃瘤蚜等。

（1）轮纹病：轮纹病危害木瓜的枝干、叶片和果实。当年生枝干受害后，初为红褐色水渍状点，后从中间隆起呈疣状并逐渐扩大成斑；当扩至枝干一半时，病斑处发脆，枝干在风等机械外力作用下折断。多个小病斑密集呈粗皮状并随枝干增粗而扩大，可存活数年致使整个树干枯死。在叶片和果实上，病斑水渍状呈深浅相间的同心轮纹并伴有黑色小点（即病原物）。

（2）炭疽病：炭疽病危害果、枝、叶。发病初期，果实上的小褐点迅速扩大成斑，致使整个果实腐烂，病果在湿度大的情况下产生粉红色黏液，失水后成僵果。轮纹病、炭疽病皆以病原潜伏于病枝、果中越冬，遇高温高湿条件即产生分生孢子进行初次侵染和复染。发病高峰在每年5月份后的每一次降雨后。传统防治除冬季修剪病枝、清除僵果病叶并集中烧毁的农业防治外，还采用在冬季喷施3～5波美度的石硫合剂、4月底喷70%甲基托布津1000倍液（每隔10天喷1次）、5月底6月初喷75%百菌清500倍液2次以上。

（3）灰霉病：灰霉病是木瓜苗木生产和木瓜林早春萌芽期的主要病害之一。病原随残枝病叶混入土壤越冬，翌年气温升至15℃以上、湿度达90%以上时再侵染木瓜幼苗的茎、嫩梢和叶片，受害的木瓜幼苗叶片如水烫一般；幼茎、嫩梢由染病初期的褐色小点而扩散为一圈，造成病变以上部位萎蔫形成立枯或枯梢，病茎叶在高湿度情况下长出一层灰色霉状物（即病原孢子）进行重复侵染。传统防治十分重视该病的冬季预防以达到清除病原的目的，即在冬季利用修剪清除病枝及病叶，早播、地膜覆盖以增温，促苗早出和早木质化，施足底肥及少用追肥等方法以提高苗木的抗病力。育苗时，土壤消毒尤为重要，中国台湾华裔植物病理学家柯文雄首创"处女土育苗法"

值得借鉴。苗木出土后，用1：0.5：200波尔多液每周喷洒1次，连用2～3周；或70%甲基托布津1500倍液每10天1次，喷2～3次。发病期间用65%代森锌可湿性粉剂或50%苯来特防治。

（4）梨小食心虫：以幼虫蛀食木瓜的嫩梢、果，造成嫩梢死亡，虫果腐烂而不能利用，影响木瓜的产量和品质。6月下旬至7月上旬成虫将卵散产在木瓜的果柄或果脐的凹处，幼虫孵化后即钻蛀果内为害。

（5）桃蚜和桃瘤蚜：2种蚜虫发生普遍，桃蚜引起木瓜叶片皱缩横卷，由桃瘤蚜引起的木瓜叶片向背面纵卷，2种害虫全年都有为害，严重的造成嫩茎扭曲，整株蜷缩，导致落叶落果，并伴有煤污病，对木瓜的生长、产量造成严重影响，是木瓜生长期的主要害虫。

6. 病虫害主要防治措施

（1）越冬期防治：越冬期，各种病菌与害虫以不同方式、形态潜伏于合适的隐蔽场所越冬，发育阶段居所集中稳定，便于消灭。同时树体叶片脱落，处于休眠状态，抗药性强，易于采取措施，是消灭虫害初期侵染危害的关键时期。可结合木瓜林修剪剪除病枝，收集僵果、病果以及林地翻挖破坏病虫害越冬场所。

（2）物理防治：用糖醋液、高频杀虫灯、性引诱剂等诱杀害虫。秋季在木瓜树干上束草把诱集梨小食心虫越冬。

（3）化学防治：选用安全剂型，淳木瓜主要用于制药和食品加工，要严格按照绿色食品要求选用低残留农药，掌握合理时机，及时用药。木瓜的病害以防治为主，在病原扩散之前用药，对于叶枯病于发病初期用多菌灵防治；锈病发病初期用粉锈宁；梨小食心虫在幼虫孵化期用药，蚜虫在早春用药，可用辛硫磷蘸药棉塞入蛀孔杀灭。遵循"预防为主、综合防治"的植保方针，优先采用农业防治、物理防治、生物防治，合理使用高效低毒低残留农药，优先使用植物源、矿物源及生物源农药。

7. 果实采收

淳木瓜种植5～10年左右开始结果，我县淳木瓜一般在大暑至立秋期间进行采摘，此时木瓜果实外皮显青黄色，即可摘取，将所摘木瓜投入沸水中煮10分钟左右，待其果体转软捞出，随即用钢刀纵切，对半分开，不去籽，不去果皮，薄摊，晒至完全干燥，雨天可用文火烘干，即成商品木瓜。

半夏栽培管理生产技术

郑平汉　郑舒靓

半夏属多年生草本植物。生于海拔2500 m以下，常见于草坡、荒地、玉米地、田边或疏林下杂草丛生的阴湿环境中，为旱地中的杂草之一。别名老鸹眼、水玉、地文、三步跳、麻玉果等。全株高15～30 cm，地下块茎呈球形，是入药的主要部分，野生分布于我国除内蒙古、新疆、青海、西藏地区外的全国各地。块茎入药，有毒，能燥湿化痰，降逆止呕，生用消疖肿；主治咳嗽痰多、恶心呕吐；外用治急性乳腺炎、急慢性化脓性中耳炎。

一、人文故事

相传在很久以前，有位叫白霞的姑娘，她在田野里割草时，挖到了一种植物的地下块茎，由于饥饿难耐，她就试着将块茎放在嘴里咀嚼，想拿它填饱肚子。谁知吃完就吐了起来，她赶快嚼块生姜止呕，呕吐止住了，谁知连久治不愈的咳嗽都治好了。于是，白霞就用这种药和生姜一起煮汤给乡亲们治咳嗽，效果甚好。但这种植物块茎含浆液丰富，要清洗好多次才能使用。

某一天，白霞在河边清洗这种药的时候，不慎滑入河中丧命。当地人们为了纪念她，就把这种药命名为"白霞"。后来，人们又发现白霞在夏秋季节采收，加上时间的推移，就逐渐把"白霞"改成"半夏"了。

二、形态特征

半夏为天南星科多年生草本植物。高15～35 cm，块茎近球形，直径0.5～3.0 cm，基生叶1～4枚，叶出自块茎顶端，叶柄长5～25 cm，叶柄下部有一白色或棕色珠芽，直径3～8 cm，偶见叶片基部亦具一白色或棕色小珠芽，直径2～4 mm。实生苗和珠芽繁殖的幼苗叶片为全缘单叶，卵状心形，长2～4 cm，宽1.5～3 cm；成株叶3全裂，裂叶片卵状椭圆形、披针形至条形，中裂片长3～15 cm，宽1～4 cm，基部楔形，先端稍尖，全缘或稍具浅波状，圆齿，两面光滑无毛，叶脉为羽状网脉，肉穗花序顶生，花序梗常较叶柄长；佛焰苞绿色，边缘多见紫绿色，长6～7 cm；内侧上部常有紫色斑条纹。花单性，花序轴下着生雌花，无花被，有雌蕊20～70个，花柱短，雌雄同株；雄花位于花序轴上部，白色，无被，雄蕊密集成圆筒形，与雌花间隔3～7 mm，其间佛焰苞合围处有一直径为1 mm的小孔，连通上下，花序末端尾状，伸出佛焰苞，绿色或表面紫色，直立，或呈"S"形弯曲。浆果卵状形，绿色或绿白色，长4～5 mm，直径2～3 mm，内有种子1枚，椭圆形，灰白色，长2～3 mm，宽1.5～3 mm，千粒重（鲜）9.88g。花期5～9月，花葶高出于叶，长约30 cm，花粉粒球形，无孔沟，电镜下可见花粉粒表面具刺状纹饰，刺基部宽，末端锐尖。果期6～10月，浆果多数，成熟时红色，果内有种子1粒。

三、生长环境

半夏是一种杂草性很强的植物。具体表现为：①具有多种繁殖方式。它既可营块茎和珠芽无性繁殖，又可营种子繁殖，从而使半夏可以避开许多不利因素，如严冬、酷夏、干旱、水涝以及传粉媒介缺乏等情况，保证种质的延续和更新。②具有较强的耐受性。人们从事农事操作必定要对杂草进行有意或无意的刈割和践踏。试验表明，对半夏而言，这种伤害只能损伤半夏的地上部分，地下部分依然可以在适当时候再抽叶生长，正是由于这些原因使半夏能够在旱地上生生不息，代代相传。③具有较宽的生态幅。凡是杂草大多具较大的耐受性，表现有较宽的生态幅和分布区。在生长过程中，当环境条件如温度、湿度、光照强度等发生较大变化时，半夏都会以地上部分逐渐枯黄、倒伏（俗称"倒苗"），以地下块茎度过不良环境。倒苗次数的报道有多有少，有的认为只有1次，有的认为2～3次，也有人认为倒苗次数并不是固定不变的，它与外界环境有着极密切的关系。外界条件较好时，倒苗次数可以减少；反之，次数或许增多。当环境条件适宜时，又可继续出苗生长。在倒苗之前，其叶上的珠芽大多已经成熟，所以，倒苗一方面是对不良环境的适应，另一方面同时进行了一次无性繁殖。具较大块茎的植株，在倒苗之前还往往有佛焰苞产生，内藏单性的雄花序和雌花序，可以进行同株异花授粉和受精，并产生种子和果实。不难看出，一次倒苗可以扩大群体的个数。环境恶劣时，杂草用各种办法来增加其后代数量是必然的，因为这涉及种质能否衍生下去的大问题。倒苗会影响半夏块茎的产量。但是倒苗后及时封土，反而会增加产量。

半夏根浅，喜温和、湿润的气候，怕干旱，忌高温。夏季宜在半阴半阳环境中生长，畏强光；在阳光直射或水分不足条件下，易发生倒苗。耐阴，耐寒，块茎能自然越冬。要求土壤湿润、肥沃、深厚，土壤含水量在20%～30%、pH值6～7呈中性反应的沙质壤土较为适宜。一般对土壤要求不严，除盐碱土、砾土、过沙、过黏以及易积水之地不宜种植外，其他土壤基本均可，但以疏松肥沃的沙质壤土为好。野生于山坡、溪边阴湿的草丛中或林下。

半夏在我国分布广，海拔2500 m以下都能生长，常见于玉米田、小麦地、草坡、田边和树林下。朝鲜、日本也有分布。这就意味着半夏对温度和水分变化有较大的适应性，而这种适应性正是杂草所必需的先决条件。我国长江流域各省以及东北、华北等地区均可种植，主产区为四川、湖北、安徽、江苏、河南、浙江等地。半夏可与果树或高秆作物间作。

半夏为多年生田间杂草性植物，一般于8～10℃萌动生长，13℃开始出苗，随着温度升高出苗加快，并出现珠芽，15～26℃最适宜半夏生长，30℃以上生长缓慢，超过35℃而又缺水时开始出现倒苗，秋后低于13℃以下出现枯叶。

冬播或早春种植的块茎，当1～5 cm的表土地温达10～13℃

时，叶柄发出，此时如遇地表气温又持续数天低于2℃以下，叶柄即在土中开始横生，横生一段并可长出一代珠芽。地、气温差持续时间越长，叶柄在土中横生越长，地下珠芽长得越大。当气温升至10～13℃时，叶柄直立长出土外。

半夏在适宜的条件下（半阴半阳、土壤疏松湿润）具有多次出苗生长、倒苗的现象。2年以后，开花结实，种子可以进行有性繁殖。在叶柄近地面的位置或其叶上，生长有珠芽，它能再生出半夏小植株。地下茎极短，在茎上能产生1～2个块根及大量须根，较大的块根的根尖部常腐烂掉。块根也可进行繁殖。

根据半夏一年内有多次出苗的习性，有人设计了春、秋、冬季的播种期试验。试验材料用直径1.5～2 cm，重3～5g的半夏作种，小区播种量为168～189 g，小区面积1 m×1 m，拉丁方排列，重复3次。结果表明，随半夏在地时间的增长，单位面积产量逐渐增加，冬、春季播种较秋季播种产量大。

四、主要价值

半夏味辛，性温，有毒；归脾、胃、肺经。具有降逆止呕，温中和胃，燥湿化痰，消痞散结的功效。主治痰多咳喘，风痰眩晕，痰饮眩悸，痰厥头痛，呕吐反胃，胸脘痞闷，梅核气症。生用可外治痈肿痰核。姜半夏多用于降逆止呕；法半夏多用于燥湿化痰。旱半夏为常用中药，饮片配方和中成药生产用量较大，属较好的温寒化痰药，其他药很难替代。

五、生产技术

（一）繁殖方式

半夏用种子和珠芽或块茎繁殖，故在自然种群里，既有实生苗，又有由珠芽或小块茎发育而成的新个体。从生理年龄上来看，则是典型的"四代同堂"，其中包括由种子发育而来的实生苗，由第一代、第二代，甚至第三代珠芽发育而来的植物，以及由块茎直接生长而成的植株。半夏的种子、珠芽和块茎均无休眠特性，只要环境条件适宜均能萌发。一般在3月下旬至10月下旬均可见到植株，且尤以春秋两季为多。研究表明，除生存条件急剧恶化外，半夏以无性繁殖为主。一般情况下，半夏种的繁衍和个体的更新主要靠珠芽。珠芽发生在叶柄或叶片基部，抽叶时叶柄基部稍隆起，以后即发育形成珠芽。

1. 块茎繁殖

不同半夏的种质材料、生长发育习性及性状均有差异。有人曾依叶中裂片形状，将13种半夏种材归纳为狭叶形、阔叶形和椭圆形，研究了不同叶形的半夏种材的产量，结果表明，狭叶形较优，阔叶形次之。其中尤以狭叶形种材长势旺盛，叶数多，叶片大而厚，抗性强，珠芽多，块茎多而个体大，产量高。

半夏栽培2～3年，可于每年6、8、10月倒苗后挖取地下块茎。选横径粗0.5～1 cm、生长健壮、无病虫害的中、小块茎作种用。小种茎作种优于大种茎，这是因为小种茎主要是一些珠茎和小块茎，大多是新生组织，生命力强，出苗后，生长势旺，其本身迅速膨大发育成块珠，同时不断抽出新叶形成新的珠芽，故无论在个体数量上还是在个体重量上都有了很大的增加。而大种茎都是大块茎，它们均由珠芽或小块茎发育而来，生理年龄较长，组织已趋于老化，生命力弱，抽叶率低，个体重量增长缓慢或停止，收获时种茎大多皱缩腐烂，除少数块茎能偶然产生小块茎外，一般均无小块茎产生，即块茎繁殖并不增加新的块茎个体，而只是通过抽叶，形成珠芽来增加其群体内的个体数量。同时中、小块茎作种，栽种后增重比、个数比都好于大块茎作种。

种茎选好后，将其拌以干湿适中的细沙土，贮藏于通风阴凉处，于当年冬季或翌年春季取出栽种，以春栽为好，秋冬栽种产量低。春栽，宜早不宜迟，一般早春5 cm地温稳定在6～8℃时，即可用温床或火炕进行种茎催芽。催芽温度保持在20℃左右时，15天左右芽便能萌动。2月底至3月初，雨水至惊蛰间，当5 cm地温达8～10℃时，催芽种茎的芽鞘发白时即可栽种（不催芽的也应该在这时栽种）。适时早播，可使半夏叶柄在土中横生并长出珠芽，在土中形成的珠芽个大，并能很快生根发芽，形成一棵新植株，并且产量高。

在整细耙平的畦面上开横沟条播。按行距12～15 cm，株距5～10 cm，开沟宽10 cm，深5 cm左右，在每条沟内交错排列2行，芽向上摆入沟内。栽后，上面施一层混合肥土（由腐熟的堆肥和厩肥加人畜肥、草土灰等混拌均匀而成）。栽后立即盖上地膜，所用地膜可以是普通农用地膜（厚0.014 mm），也可以用高密度地膜（0.008 mm）。地膜宽度视畦的宽窄而选。盖膜三人一组，先从畦的两埂外侧各开一条8 cm左右深的沟，深浅一致，一人展膜，两人同时在两侧拉紧地膜，平整后用土将膜边压在沟内，均匀用力，使膜平整紧贴畦埂上，用土压实，做到紧、平、严。

旱半夏播种前种茎进行消毒处理。用50%的多菌灵浸种12小时；5%的草木灰溶液浸种2小时；1份50%的多菌灵+1份40%的乙磷铝300倍液浸种半小时；300倍食醋、50 mL/L的高锰酸钾分别浸种，预防腐烂病并增产。

2. 珠芽繁殖

当叶片基部的珠芽成熟后，采下播种，方法同块茎繁殖。对落于地表的珠芽，可采用"盖土法"进行培育。方法是每倒苗一次，盖土一次，以不露珠芽为度，同时施入适量的磷、钾肥。

3. 种子繁殖

半夏生长2年后，于夏秋季节，当佛焰苞变黄下垂时，将佛焰苞采回，取出种子，藏于湿润的细沙中，翌春3～4月播种。行距10 cm，播幅5～7 cm，播后覆土，盖稻草或地膜。20天左右开始出苗，除去稻草或地膜，当苗高6～9 cm时，即可定植。

（二）栽培方法

1. 炼苗

清明至谷雨，当气温稳定在15～18℃，出苗达50%左右时，应揭去地膜，以防膜内高温烤伤小苗。去膜前，应先进行炼苗。方法是中午从畦两头揭开通风散热，傍晚封上，连续几天后再全部揭去。采用早春催芽和苗期地膜覆盖的半夏，不仅比不采用本栽培措施的半夏早出苗20余天，而且还能保持土壤整地时的疏松状态，促进根系生长，同时可增产83%左右。

2. 中耕除草

半夏植株矮小，在生长期间要经常松土除草，避免草荒。中耕深度不超过5 cm，避免伤根。因半夏的根生长在块茎周围，其根系集中分布在12～15 cm的表土层，故中耕宜浅不宜深，做到除早、除小、除了。半夏早春栽种，地膜覆盖，在其出苗的同时，狗尾草、马唐草、牛筋草、画眉草、香附草、苋菜、小旋花、灰灰菜、马齿苋、车前草等10余种杂草也随之出土，且数量多，往往造成揭膜后出苗困难，影响半夏的产量。因此可选用乙草胺防除半夏芽前杂草。乙草胺是一种旱田作物低毒性选择性芽前除草剂，主要用于作物出土前防除一年生禾本科杂草。早春地面喷洒再盖上地膜，对多种杂草有很好的防除效果（具体用法用量按药品说明书中的规定）。除此之外，在人工栽培半夏中，根据季节不同还可选用不同的除草剂，如春播半夏的除草剂宜选择稳杀特，秋播选用稳杀特和乙草胺均可，除草剂稳杀特和乙草胺均可在播种覆土后喷药，稳杀特还可在杂草出苗初期施药。

3. 水肥管理

半夏喜湿怕旱，无论采用哪一种繁殖方法，在播前都应浇1次透水，以利出苗。出苗前后不宜再浇，以免降低地温。立夏前后，天气渐热，半夏生长加快，干旱无雨时，可根据墒情适当浇水。浇后及时松土。夏至前后，气温逐渐升高，干旱时可7～10天浇水1次。处暑后，气温渐低，应渐渐减少浇水量。经常保持栽培环境阴凉而又湿润，可延长半夏生长期，推迟倒苗，有利光合作用，多积累干物质。因此，加强水肥管理，是半夏增产的关键。除施足基肥外，生长期追肥4次。第1次于4月上旬齐苗后，每亩施入1∶3的人畜粪水1000 kg；第2次在5月下旬珠芽形成期，每亩施用人畜粪水2000 kg；第3次于8月倒苗后，当子半夏露出新芽，母半夏脱壳重新长出新根时，用1∶10的粪水泼浇，每半月1次，至秋后逐渐出苗；第4次于9月上旬，半夏全苗齐苗时，每亩施入腐熟的饼肥25 kg，过磷酸钙20 kg，尿素10 kg，与沟泥混拌均匀，撒于土表，起到培土和有利灌浆的作用。经常泼浇稀薄人畜粪水，有利于保持土壤湿润，促进半夏生长，起到增产的作用。每次可施用腐熟的人畜粪水和过磷酸钙。若遇久晴不雨，应及时灌水，若雨水过多，应及时排水，避免因田间积水，造成块茎腐烂。

4. 珠芽在土中才能生根发芽

在6～8月间，有成熟的珠芽和种子陆续落于地上，此时要进行培土，从畦沟取细土均匀地撒在畦面上，厚约1～2 cm。追肥培土后无雨，应及时浇水。一般应在芒种至小暑时培土2次，使萌发新株。2次培土后行间即成小沟，应经常松土保墒。半夏生长中后期，每10天根外喷施1次0.2%磷酸二氢钾或三十烷醇，有一定的增产效果。

5. 摘花

为了使养分集中于地下块茎，促进块茎的生长，有利增产，除留种外，应于5月抽花葶时分批摘除花蕾。此外半夏繁殖力强，往往成为后茬作物的顽强杂草，不易清除，因此必须经常摘除花蕾。

6. 间套作

可与玉米间套作，每隔1.2～1.3 m种1行玉米，穴距60 cm，每穴种2株，可作为荫蔽物，提高产量。

7. 其他增产措施

喷施亚硫酸钠液可使半夏增产。因为半夏在夏季气温持续高达30℃时，由于高温和强光照，使半夏的呼吸作用过强，过强的呼吸作用消耗的物质超过光合作用所积累的物质，导致细胞原生质结构的破坏而"倒苗"。"倒苗"是半夏抗御高温、强光照的一种适应性生理反应，对保存和延续半夏的生命起着积极作用。但就半夏生产而言，"倒苗"缩短了半夏的生长期，严重影响半夏的产量。因此，在生产中，采取措施延迟或减少半夏的夏季"倒苗"，是实现半夏高产优质的重要条件。在栽培中除采取适当的荫蔽和喷灌水以降低光照强度、气温和地温外，还可喷施植物呼吸抑制剂亚硫酸氢钠（0.01%）溶液，也可喷施0.01%亚硫酸氢钠和0.2%尿素及2%过磷酸钙混合液，以抑制半夏的呼吸作用，减少光合产物的消耗，从而延迟和减少"倒苗"，取得明显的增产效益。

（三）病虫害防治

半夏常见的病虫害有叶斑病、病毒病、块茎腐烂病、红天蛾、蚜虫、蛴螬等。

1. 叶斑病

多发生于初夏。病叶上有紫褐色病斑，后期病斑上生有小黑点，严重时侵染全叶，使叶片卷曲焦枯而死。防治方法是尽早喷1∶1∶120波尔多液，每5～7天喷1次，连续喷2～3次。

2. 病毒病

又名缩叶病，多发生于夏季。防治方法是选无病株留种；消除虫媒蚜虫；及时拔除病株并烧毁，病穴用石灰乳消毒。

3. 块茎腐烂病

多发于高温季节。防治方法是注意及时排水；及时拔除病株并烧毁，病穴用石灰乳消毒。

4. 红天蛾、蚜虫、蛴螬

防治方法是用40%乐果乳剂1500～2000倍液喷杀红天蛾；用90%晶体敌百虫1000倍液喷杀蚜虫及蛴螬。

六、采收加工

1. 适时刨收

半夏的收获时间对产量和产品质量影响极大。种子播种的于第3、第4年，块茎繁殖的于当年或第2年采收。一般于夏、秋季茎叶枯萎倒苗后采挖，此时半夏水分少，粉性足，质坚硬，色泽洁白，药材质量好，产量高。适时刨收，加工易脱皮，干得快，商品色白粉性足，折干率高。刨收过早，粉性不足，影响产量。刨收过晚不仅难脱皮、晒干慢，而且块茎内淀粉已分解，加工的商品粉性差、色不白，易产生"僵子"（角质化），质量差，产量更低。倒苗后再刨收，费工3倍还多。多年人工栽培半夏的研究结果表明，半夏的最佳刨收期应在秋天温度降低到13℃以下，叶子开始变黄绿时刨收为宜。

2. 刨收方法

在收获时，如土壤湿度过大，可把块茎和土壤一齐先刨松一下，让其较快地蒸发出土壤中的水分，使土壤尽快变干，以便于收刨。刨收时，从畦一头顺行用二齿或三齿锄将半夏整棵带叶翻在一边，细心地捡出块茎。倒苗后的植株掉落在地上的珠芽应刨收前捡出。刨收后地中遗留的枯叶和残枝应捡出烧掉，以减轻病虫害的发生。

3. 初加工技术

初加工可采取简易技术。将鲜半夏洗净泥沙，按大、中、小分级，分别装入麻袋内，先在地上轻轻摔打几下，然后倒入清水缸中，反复揉搓，或将块茎放入筐内，在流水中用木棒撞击或用去皮机除去外皮。不管采用哪种方法均应将外皮去净为止，洗净，再取出晾晒，并不断翻动，晚上收回，平摊于室内，不能堆放，不能遇露水。次日再取出，晒至全干或晒至半干，切忌暴晒，否则不易去皮。如遇阴雨天气，采用炭火或炉火烘干，但温度不宜过高，一般应控制在35～60℃之间。在烘的过程中要微火勤翻，力求干燥均匀，以免出现僵子，造成损失。秋季采收的半夏表面凸凹不平，而且色泽发暗。

4. 炮制方法

半夏经过不同方法的炮制后所得中药饮片的功效各有侧重。生半夏多外用，消肿散结；清半夏长于燥湿化痰；姜半夏偏于降逆止呕；法半夏善和胃燥湿。半夏入药应根据不同的病症特点，合理选用相应的炮制品，以保证其临床应用的安全、有效。半夏炮制品根据炮制的工艺不同，其成品在性状上也略有不同。

（1）清半夏：取净半夏，大小分开，浸漂，每日换水2～3次，至起白沫时（约7天），换水后加白矾（每100 kg净半夏，加白矾8 kg）溶化，再泡7天，用水洗净，取出置不锈钢锅内，加入剩余的白矾，先用武火，后用文火，煮约3小时，以内无白心为度，加入少量水，取出，晾至七成干，再闷约3天，切薄片，阴干。

每100 kg净半夏，用白矾12.5 kg。成品为椭圆形、类圆形或不规则的片状。切面淡灰色至灰白色，可见灰白色点状或短线状维管束迹。质脆，易折断，断面略呈角质样。气微，味微涩，微有麻舌感。

（2）姜半夏：取净半夏，大小分开，浸漂，每日换水2～3次，至起白沫时（约7天），换水后加白矾（每100 kg净半夏，加白矾4 kg）溶化，泡3天后，弃去矾水，再泡7天，每日轻轻搅拌换水2次，再加入白矾4 kg溶化。加姜水（取鲜姜片8 kg，加水煎煮2次，第1次2小时，第2次1小时，煎液合并，晾凉）至半夏中，矾姜水再泡7天后，用水洗净，切开口尝无麻辣感，取出置不锈钢锅内，加入剩余的白矾和鲜姜，先用武火，后用文火，煮约3小时，至内无白心为度，加入少量水，取出，晾至七成干时，再闷3天，阴干。

每100 kg净半夏，用白矾12.5 kg、鲜姜10 kg。姜半夏呈片状、不规则颗粒状或类球形。表面为棕色至棕褐色。切面淡黄棕色，常具角质样光泽。质硬脆。气微香，味淡，微有麻舌感，嚼之略黏牙。

（3）法半夏：取净半夏，大小分开，浸泡10～12天，每日轻轻搅拌换水2次，至无干心，再用白矾水浸泡3天，去白矾水，用水再泡2天，加甘草、石灰液（取甘草20 kg，加水煎煮2次，合并煎液，倒入用适量水制成的石灰液中）浸泡，每日搅拌1～2次，并保持pH值为12.0以上，至口尝微有麻舌感，切面呈均匀黄色为度，取出，洗净，阴干或低温烘干。

每100 kg净半夏，用甘草20 kg、白矾2 kg、生石灰30 kg。该品呈类球形或破碎成不规则颗粒状。表面淡黄白色、黄色或棕黄色。质较松脆或硬脆，断面黄色或淡黄色，颗粒者质稍硬脆。气微，味淡略甘，微有麻舌感。

白及栽培管理生产技术

郑平汉　毛江龙

白及是兰科（Orchi daceae）白及属（*Bletilla*）植物，药用部分为其干燥块茎。明代李时珍释其名曰："其根白色，连及而生，故名白及。"

一、基本情况

白及的补肺功效由来已久，最早在宋代文学家洪迈所著的《夷坚志》中就有相关的记载，而其中的故事说的就是浙江台州应用白及治肺病。说明那时浙江当地有野生白及的分布，并很早就将其应用于治病。后来各大医著都有引用或提及洪迈记载的白及故事，如《本草纲目》《本草求真》。白及在浙江主要分布于淳安、临海、临安、舟山等地。浙江一带主要为紫花白及，质量优，以野生为主。近几年随着组培育苗的成功，各地人工栽培势头较快。

古代各大医药名著对白及描述为紫花白及，如李时珍曰："一科止抽一茎，开花长寸许，红紫色，中心如舌。其根如菱米，有脐，如凫茈之脐，又如扁扁螺旋纹。性难干。"药典中主要为紫花白及，其他品种近年来被各自省份制定质量标准，如在《甘肃省中药材标准》2009年版中收集了小白及；在《四川省中药材标准》2010年版中收集了黄花白及。宋代著名文学家洪迈所著《夷坚志》记载了这样一个故事：台州监狱关押了一名死刑犯，监狱官因出于怜悯之心，对他照顾得很好。这个死刑犯非常感激，他知道自己将被处死，为了报答监狱官的照顾之恩，便将一个药方传给了他。这个死刑犯说我7次被捕入狱，狱中屡遭严刑拷打，胸肺多处受伤，以致呕血。别人传给我一个药方，以白及为末，米汤饮服，止血效果如神。不久这个囚犯被杀，刽子手解剖其胸部，见肺中数十处伤洞都被白及填补。洪迈听人讲了这个故事，便记下了这一药方。后来他赴任洋州，一士卒患咳血病，十分危急，他就以此方救治，药用一天，那士卒的咳血病便治好了。

二、形态特征

多年生草本，高15～70 cm。块茎（或称假鳞茎）具数个同心环纹，环上常残留有黄白色点状须根痕；皮淡绿色或略带紫色；扁圆球形或为不规则块状，肉质、肥厚、黏性大，有2～3个指状分枝，3个指状分枝为多；根状茎横走，短圆柱状，肉质。茎直立，不分枝。叶3～5片，全缘叶基生，披针形或宽披针形，长15～30 cm，宽2～5 cm，先端尖，叶基下延成鞘状而抱茎。顶生总状花序具小花3～11朵，总花序轴长4～12 cm。花略下垂，淡紫红色，直径3～5 cm；花瓣状苞片小而早落；外轮3枚萼片花瓣状，中萼片略窄，侧萼片与侧花瓣近等长，长披针形，长2.8～3.5 cm，宽约6.5～8.5 cm；唇瓣侧卵形白色或具紫脉，长2.5～3 cm，宽1.5～2 cm，上部3裂，中裂片先端内凹或平，边缘波状，中央具5条褶片，侧裂片直立，合抱蕊柱；合蕊柱两侧有窄翅，顶端着生1雄蕊，花粉块扁而长，4对；下位子房略具棱，圆柱形，180°扭曲。蒴果纺锤形，长约3～3.5 cm，宽约1 cm，两端稍尖，具6纵棱；成熟后褐黄色。种子极多数，细小，粉尘状。花期4～5月，果期7～9月。四川、云南等地还有以黄花白及及小白及作白及使用，药材均通称"小白及"。黄花白及植株较粗壮，茎高25～50 cm。叶多为4枚，长披针形，长达35 cm，宽15～25 mm；花序具3～5朵，花黄色或白色而带淡黄，花被长18～23 cm；唇瓣白或淡黄色，长15～20 cm，中部以上3裂，侧裂片几乎不伸至中裂片。药材较瘦小，长不过3.5 cm，外皮纵皱，棕黄色或黄色。小白及茎纤细，高15～50 cm，叶片3～4，叶狭，线状披针形，长6～20 cm，宽5～10 mm。花序具1～6朵；花较小，淡紫色，花被长15～18 mm；唇瓣长15～18 mm，中部以上3裂，侧裂片伸达中裂片1/3以上。药材瘦小，与黄花白及很相似。其块茎入药，具有补肺止血、消肿生肌等功效。采收季节为秋末冬初，待地上茎枯萎时采挖。

现代医学认为白及有抗衰老、美容、降血脂、平血压、预防癌症等功效。根、叶亦可药用，能止咳、活血、消肿。在我国广布于长江流域中下游，主要分布于贵州、云南、四川、安徽、甘肃、陕西、浙江、江苏、江西、福建和广西等地。生长于低海拔至中海拔地区，在山坡、路边阳处或阴处灌木丛中常见。朝鲜半岛和日本也有分布。

三、生长环境

白及性喜温暖而又凉爽湿润的气候，宜半阴，要求排水良好的沙性土或含腐殖质多的土壤。常生长于较湿润的石壁、苔藓层中，常与灌木相结合，或者生长于林缘。白及也常生长于有山泉的地方，那里阴暗潮湿，空气湿度也较高，比较适宜白及的生长。喜微酸性或中性沙性土壤。排水不良、土壤黏重的山坞田不宜栽种，需改良土性。

四、价值应用

白及属于小三类药材品种，具有药效的部分主要是它的假鳞茎，具有很好的收敛止血、消肿生肌功效，用于咳血吐血，外伤出血，疮疡肿毒，皮肤皲裂；肺结核咳血，溃疡病出血。

性味归经：味苦、甘、涩，性寒，归肺、肝、胃经。

药典依据：《神农本草经》："主痈肿、恶疮、败疽，伤阴死肌，胃中邪气。"

此外还有抗癌及防癌作用。

白及除了药用价值，还有很好的美容养颜的功效，白及中含有丰富的淀粉、葡萄糖、挥发油及黏液质等成分，具有美白祛斑、收敛止血、消肿生肌的功效，自古以来就是美容良药，被誉为"美白仙子"，外用涂擦，可消除脸上痤疮留下的痕迹，并可滋润、美白肌肤，令肌肤光滑如玉。白及的美容功效和主要解决的问题：皮肤粗糙、皱纹增多。它所适用的人群：

风吹日晒较多，皮肤显得粗糙或是皱纹等与实际年龄偏差较大的人。使用时，可将白及用水煎煮，当成一天的白开水喝，起到源源不断的"润"肺脏和皮肤的最好效果。白及要加工成细粉，然后用水调稀，做个面膜，然后会感觉皮肤明显细嫩，以白及为基础嫩肤美白在中国已有千百年历史。

除了以上价值，白及同时应用于化工行业、陶瓷行业以及园艺。

五、生产技术

和其他中药材一样，白及在生物医药、保健食品、纺织印染、特种涂料和日用化工等方面有着巨大的商业价值。据相关统计表明，当前白及市场需求量已达10万吨以上，而如今年产量仅千吨级，缺口巨大，供需失衡，高额利益驱使，使得白及野生资源几乎枯竭，现已列入《濒危动植物种国际贸易公约》予以保护。近年来，随着市场的发展和效益的提升，人工繁育技术不断进步，由早期依靠块茎繁殖，后来通过种子组培繁育，到半组培繁育，再到最后的直播技术应用，白及也从神坛跌下，价格逐步趋向合理区间。经过多年的实践探索，生产技术也越来越成熟，现整理出一套适合当地的白及生产技术，供参考。

1. 白及苗的驯化

（1）基质准备：以泥炭土、山核桃壳、腐殖土等透气利水基质铺于苗床上，或在地上开箱宽1～1.5 m，铺上厚度为6～8 cm的泥炭土、山核桃壳、腐殖土等透气利水基质，栽培前1星期用甲基托布津1000倍液将基质消毒；苗出盘最佳时间选择气温在12～25℃之间，空气湿度较大，移栽后植株成活率较高，苗生长时间较长。

（2）驯化移栽：将小苗直接按2～3 cm间距移栽于苗床上。

（3）控光管理：驯化过程中须严格控制光照，驯化期按60%～70%的遮光率遮光。光照强度过高叶色淡绿、叶缘泛白，缺乏生气，特别注意市场上购买的遮阴网的实际效果，有很多不合格品。光照强度过弱叶色暗绿、叶片宽大，苗抗性降低。

（4）肥水管理：移栽时基质不能太湿，保持60%的水分（即小苗处于润的状态），栽培后前3天上午10点和下午3点喷雾（具体根据季节天气定），后期喷雾：夏天以下午3～4点喷雾为好，春秋季可以在上午10点左右为好，保持叶面湿润状态（下雨天只是下午喷洒1次，特别注意控制水量）。基质应保持润的状态，不能太潮湿，掌握干透湿透的原则：基质湿度宜小，空气湿度宜大，控制在40%～70%之间，雨天略大，晴天略小。基质表层2 cm左右白天显润色，傍晚成干现白，过夜不"湿床"。深层基质常保持湿润，但可阶段性干透再浇透，所谓"久湿一干"原理。移栽后14 天施叶面肥，以后每周喷施2次，磷酸二氢钾+花多多11号稀释1000倍液进行叶面喷洒促进长根和其他元素的配伍。

（5）驯化期主要病害防治：

①细菌性软腐：病株变软腐烂，有恶臭味，高温高湿易患此病。防治方法：加大通风，注意控水；清理病叶或病株；喷

施800～1000倍液安泰生等。

②炭疽病：症状表现为叶片上出现中部呈淡褐色或灰白色，边缘呈紫褐色或暗褐色近圆形病斑。严重时大半叶子枯黑。此病在多雨、湿度大的闷热气候易发生。防治方法：用50％多菌灵或70%甲基托布津700～800倍液效果好。

③黑斑病：又名"疮痂病"，症状表现为叶背面出现淡黄棕色麻点，逐渐在叶面上形成深褐色斑点，一般有黑色边缘。防治方法：控制基质湿度；用甲基托布津800～1000倍液喷雾；及时清理病叶或病株。

2. 白及驯化苗的移栽

（1）选地：选择排水良好的山地阴坡栽种，要求微酸至中性土壤，土层深厚、疏松、肥沃、排水良好、富含腐殖质的阴湿沙质壤土和腐殖质壤土。也可选生荒地或农用地栽植。

（2）整地与做畦：选用生荒地作栽培地时应先开荒，捡除地块中的石块和残桩用作拦水坝，将地中杂草等杂物埋入土中或铺在地块上烧掉，以补充钾肥，增加地温，杀死土壤中的寄生虫等。栽前翻耕30 cm以上，若为熟地时应在前作采收后，要结合翻地施足基肥，可用厩肥或堆肥，每亩施入腐熟的厩肥或堆肥1500～2000kg，耕翻土壤20 cm以上，使土和肥料充分拌匀。有条件的情况下应栽种前再浅耕1次，然后整地、耙平，南北方向开箱起垄，每个垄箱长度方向与太阳光的日射角度为60°～90°，箱高25～35 cm，宽120～130 cm，作业道宽30 cm左右，并挖好排水沟。使用农用地时应注意前茬不能为豆科或禾本科作物。

3. 选苗及移栽

选择苗球茎大于1 cm的驯化苗进行移栽，越大越好，利于成活，以及降低后期管理成本。移栽时间：春季3～5月上旬为宜，秋季10～12月为宜，最好选择下雨前一天移栽。移栽按与箱垄长方向垂直开行，行距25 cm，窝距20 cm，每行植5窝，每窝1株驯化种苗，一亩地约6000株。穴深10～15 cm，穴内施入专用底肥或有机肥（牛羊粪），覆盖土壤后将白及种苗植入穴中，覆盖土壤没过球茎1 cm左右。

4. 遮阴管理

白及喜阴，移栽的小苗对阳光特别敏感。所以第1年必须及时遮阴，尽量在5月中旬左右做好遮阴工作，年限长的白及对阳光敏感度减弱，遮光率可以逐年降低。遮阴立柱可以用杉树桩、镀锌管或者水泥柱。白及生长速度慢，栽培年限较长，为了充分利用土地，增加经济效益，可在栽培白及的第1、第2年间作一些短期作物。

5. 田间管理

（1）除草管理：原则上以防为主，可考虑地膜打孔种植，特别注意底肥打足，因此方法后期追肥不易，第3年除去地膜。如果是传统种植方式，第1次除草是在3～4月苗出齐后；第2次是6月杂草生长快速期，此期白及幼苗较矮小，应及时除草，避免杂草争水争肥；第3次是8～9月，此时白及正处于生殖生长时期，应避免杂草争水争肥。

（2）追肥管理：白及是喜肥的植物，每年施追肥可考虑3次。第1次是3～4月，在苗出齐后；第2次在6～7月旺盛生长期，可追以稍浓的液肥，或将过磷酸钙与堆肥混合沤制后，撒施于畦面，也可用草木灰；第3次是地上部分死亡后，落霜前应施厩肥或土杂肥。以腐熟的厩肥追肥时以每亩地1500 kg左右为宜。

（3）水分管理：白及喜阴湿而怕涝，故应于旱季早晚浇水；雨季及时排涝。有阳光直射的地方应架设遮阴棚。

（4）越冬管理：白及喜温怕冷，冬季寒冷的地区应采用覆土防寒或盖草防寒。翌春萌发时要应时揭开覆盖物。也可在冬季倒苗后因地制宜覆盖山核桃壳等物，既能帮助白及地下球茎过冬也可起到一定的防草作用。

6. 病虫害防治

病害主要有根腐病、细菌性软腐病、炭疽病、黑斑病等；虫害主要有红蜘蛛、地老虎、蛴螬等。遵循"预防为主、综合防治"的植保方针，优先采用农业防治、物理防治、生物防治，合理使用高效低毒低残留农药，优先使用植物源、矿物源及生物源农药。

（1）农业防治：选用优良抗病种源和无病种苗，按本标准生产。加强生产场地管理，清洁田园。合理密植与修剪，科学施肥与排灌。发病季节及时清除病株，集中销毁；冬季加强清园。

（2）物理防治：采用杀虫灯或黑光灯、粘虫板、糖醋液等诱杀害虫。整地时发现蛴螬等，及时灭杀。

（3）生物防治：保持农业生态系统生物多样性，为天敌提供栖息地。

（4）化学防治：农药的使用按NY/T393的规定执行。根据防治对象，适期用药，最大限度地减少化学农药的施用；

合理选用已登记的农药或经农业、林业等研究或技术推广部门试验后推荐的高效、低毒、低残留的农药品种，轮换用药；优先使用植物源农药、矿物源农药及生物源农药。准确掌握药剂量和施药次数，选择适宜药械和施药方法，严格执行安全间隔期，禁止使用除草剂及高毒、高残留农药；主要病虫害化学防治方法参见下表。

主要病虫及其推荐防治药剂使用方法

防治种类	农药名称	剂型规格	用量与浓度（倍液）	注意事项	安全间隔期（天）	每年最多使用次数
根腐病	恶霉灵	30%恶霉灵	1200～1500	发病前或发病初期，喷雾使用，或者发病株灌根	10	3
细菌性软腐病	安泰生	70%可湿性粉剂	800～1000	发生初期，喷雾使用	7	2
炭疽病	多菌灵	50%可湿性粉剂	700～800	发生初期，喷雾使用	20	3
	甲基托布津	70%可湿性粉剂	700～800	发生初期，喷雾使用	7	
黑斑病	甲基托布津	70%可湿性粉剂	800～1000	发生初期，喷雾使用	7	2
蛴螬、地老虎	敌百虫	90%可湿性粉剂	800	发生初期，喷雾使用	7	1
	辛硫磷	50%粉剂	800	发生初期，喷雾使用	5	1
	糖醋液		糖6份、醋3份、白酒1份、水10份、90%敌百虫1份调匀	成虫诱杀	—	—
红蜘蛛	杀达满	0.5%可溶液剂	1000～200	低龄幼虫期或卵孵化盛期，喷雾使用	14	1

7. 采收及加工

白及的采收期是3～4年。栽培4年后的白及应及时采收，因为此时地下块茎常有5～10个，较为拥挤，若不及时采收会因地上部分没有足够的光合产物供应而影响药材品质。采收的方法是在第4年10月份地上部分枯萎后，依据地上残茎的位置用二齿耙细心地挖出块茎，洗净泥土后立即加工，否则块茎会变黑。

加工方法是将块茎一个一个摘下，将块茎剪去残茎，清水浸泡1小时后，搓或磨去粗皮，洗净泥土，放入沸水中煮至无白心时，取出放冷，晒至半干，去掉外部糙皮后再晒或烘至全干。

加工好的白及质坚硬，不易折断，断面类白色，半透明，角质样，可见散在的点状维管束。无臭，味苦，嚼之有黏性。商品以个大，饱满，色白，味苦，嚼之有黏性，质坚实者为佳。

贡菊栽培管理生产技术

郑平汉

贡菊是生长在高海拔山地的一种菊花，性微寒、味甘苦，可入药，功能疏风清热，平肝明目，主治外感风热、头疼、目赤等症。淳安所产贡菊主要有金紫尖贡菊和千岛湖贡菊。金紫尖贡菊原属野生菊花，长于海拔1400多米的金紫尖高山石缝间，花蕊大，花粉多，色泽晶莹，芳香自然。千岛湖贡菊是1997年由威坪村从安徽省歙县引种成功，后逐渐在威坪、唐村、王阜、严家等乡镇大面积发展。千岛湖贡菊以朵大、花白、瓣肥，色泽雅丽、香郁甘爽著称，颇受客商青睐。贡菊是菊科菊属的道地药材品种，具有清热解毒、明目、降血糖等多种保健功效，可作保健品及茶饮料用，是我县特色中药材品种。贡菊在我县的引种种植表现：株高60～150 cm，茎直立，多分枝；叶片卵形至披针形；花扁球形或不规则球形，直径1.5～2.5 cm，白色或类白色，无腺点，管状花少。3～4月发出新芽，苗期生产缓慢；苗高50 cm时开始分枝，9月中旬现蕾，10月上中旬开花，10月下旬进入盛花期，花期30～40天。入冬后，地上茎叶枯死，在土中的根抽生地下茎。次年春又萌发新芽，长成新株。一般母株能活3～4年。

一、基本情况

据民间传说，"黄山贡菊"原是宋朝徽商从浙江德清县作为观赏艺菊引进的。在一大旱之年，有许多人得了红眼头痛病，有人采用鲜菊花泡水降火，十分灵验。以后人们经常用鲜花或菊花干泡水泡茶，医治目赤羞明、胆虚心燥等病。从此，这一带农家门前屋后广种菊花，为了久藏又特意烘制成干菊花。清光绪年间，北京紫禁城里也流传红眼病，皇上下旨，遍访名医良药，徽州知府献上徽州菊花干，京人泡服后眼疾即愈。于是徽菊名气大振，被尊称"贡菊"。其实，淳安很早就有种植菊花的历史，当地农民把它种植在房前屋后当花卉欣赏和泡茶，清顺治年间《修淳安县志》物产花类就有菊花的记载，排序第9。清乾隆《淳安县志》物产花类排序第3。清嘉庆《淳安县志》物产花类排序第1。现修《淳安县志》（1986—2005）记载："淳安产贡菊主要有金紫尖贡菊和千岛湖贡菊。金紫尖贡菊原属野生菊花，长于海拔1400多米的金紫尖高山石缝间，花蕊大，花粉多，色泽晶莹，芳香自然。1999年王阜乡甘坪村村民采用同海拔移栽菊花25.33hm^2（380亩），所产菊花品质上乘，杭州、上海、广州和日本客商纷至求购。千岛湖贡菊：1997年，威坪镇水碓山村民从安徽歙县引种成功，后逐渐在威坪、王阜、严家、临岐、汾口、大墅等地大面积发展，千岛湖贡菊以朵大、花白、瓣肥，色泽雅丽、香郁甘爽著称，颇受客商青睐。"至2002年，淳安县菊花种植已发展到400 hm^2。

2008年全县贡菊种植面积1万余亩，总产值近4000万元，种植规模居浙江省首位，被当地农民称为"致富花"，是淳安县山区农民增收的又一个重要支柱。淳安县还创新贡菊栽培模式，推广"贡菊套种春玉米"粮药套种模式，在保障淳安县粮食产量的同时，提高了土地单位面积产出，增加了农户收入，2013年，淳安县"贡菊套种春玉米"栽培面积达到近5000亩。之后受到连作障碍以及其他药材品种价格的冲击，贡菊种植面积逐年下降。

二、产地环境

贡菊适宜在海拔400～600 m的山坡地种植，喜光照，忌荫蔽，我县主要种植区集中在与安徽省歙县交界的威坪、王阜2个乡镇，海拔、气候适宜贡菊栽培。从淳安县种植的贡菊生长情况来看，肥沃的沙质壤土宜于生长，酸碱度以中性为好，过高过低则生长不利。淳安县贡菊主要栽培于海拔300～600 m的向阳背风的山坡地、山地等，要求土壤肥力较高，土质疏松，土层深厚，排水良好。

三、栽培技术

（一）种苗繁育方法

1. 分株繁殖

选择当年开花多、植株健壮无病的菊花基地作为育苗基地。菊花采摘后离地3～4 cm割除地上部枝条，清除地上枯枝落叶异地销毁，进行培土越冬。第2年开春新菊花幼苗长出时浇施稀薄人粪尿，促进菊花苗的生长。

2. 脱毒苗繁育

选择优良品种植株进行茎尖细胞分生组织培养，按脱毒苗要求培育菊苗，4～5月移栽至育苗地，保持畦土湿润，注意病虫害防治和除草松土，20天左右生根发芽后，施淡人畜粪水促苗。

苗高15～20 cm，根系发达，茎秆粗壮，无病虫害的植株可移栽种植。

（二）种植技术

1. 种植基地选择

贡菊适宜栽培于海拔300～600 m的山地，要求空气、水源、土壤无污染，地势高，阳光充足，土质肥沃，土层疏松，排水良好，中性或微酸性（pH值5.5～7）的沙质壤土为宜。

2. 整地

冬季进行深翻晒垡，在施足基肥的前提下，深翻耕25 cm左右，改土防病虫。精细平整做畦，畦高20～25 cm，畦宽70～80 cm，沟宽30 cm。缓坡坡地可不做畦。油菜茬等夏收作物地在收获后要立即翻耕施肥平整。连作地种植前土壤要消毒。

3. 种植密度

平地，按行距50～60 cm，株距40～20 cm；坡地，按行株距50 cm×33.3 cm；贡菊套种春玉米采取宽窄行套种，宽行行距80 cm，窄行行距40 cm，株距35 cm，每穴1～2株。

4. 移栽种植

菊花移栽种植的最佳时间在4～5月初，选择雨后阴天或晴天傍晚进行。如遇少雨天气，土壤不够湿润，移栽时需浇定根水，移栽时摘心打顶。

（三）田间管理

1. 土壤管理

提倡轮作，必要时定期监测土壤肥力水平和重金属元素含量，根据检测结果，有针对性地采取土壤改良措施。坡耕地应建立护坎等水土保持设施，防止水土流失。

2. 摘心打顶

菊花打顶可以抑制植株徒长，增加分枝，提高产量。第1次在移栽时离地5～10 cm摘（剪）去顶芽；第2次约在6月中旬，保留10～15 cm摘（剪）去上部顶芽；第3次约在7月中旬至8月上旬，保留10～15 cm摘（剪）去上部顶芽。后期长势旺的可增加1次，移栽较迟的弱势苗摘心打顶次数相应减少。

每次摘心打顶均需选择晴天进行，摘（剪）下的顶芽全部带出菊花地销毁。

3. 控高促分枝

对长势过旺的菊苗可喷施多效唑进行控长高促分枝，在每次摘心打顶后3天喷施50～200pp m多效唑（前轻后重），以促进菊花植株多分株、主干生长粗壮和多结蕾。

4. 中耕除草

全年3～4次。第1、第2次锄草宜浅不宜深，以后各次宜深不宜浅。后期除草时都要培土壅根，保护根系防倒伏。有条件的地方可割草铺盖地面，既可防止杂草，又可抗旱保墒。

5. 肥水管理

雨季注意清沟沥水，防止受涝烂根。夏秋季节干旱时，要及时浇水抗旱，孕蕾期不能缺水。

基肥：结合整地时施入，施用腐熟的厩肥30000～37500 kg/hm²，或饼肥1500 kg/hm²。

追肥：菊花是喜肥植物，在生长期间要施足基肥，轻施苗肥，巧施分枝肥，重施花蕾。追肥可分3次进行：第1次栽培成活后施人粪尿1500～2250 kg/hm²加尿素5 kg兑水浇施；第2次在植株开始分枝时，施人粪尿3000 kg/hm²或饼肥50 kg/hm²兑水浇施，以促进多分枝；第3次在孕蕾时，用尿素150 kg/hm²、硫酸钾75 kg/hm²、过磷酸钙375 kg/hm²穴施，或用硫酸钾复合肥225～300 kg/hm²穴施，以促进结花蕾。另外在花蕾期用0.2%磷酸二氢钾加喷施宝作根外追肥，促进开花整齐，提高产量。

（四）病虫害防治

遵循"预防为主，综合防治"的植保方针，优先采用农业防治、物理防治、生物防治，合理使用动植物源、微生物源、矿物源农药。

农业防治

选用健壮植株，培育健壮菊苗。种植时采用种苗消毒措施，推广应用脱毒苗。实行轮作，合理间作，加强土、肥、水管理。清除前茬菊花宿根和枝叶，实行秋冬深翻，减轻病虫害为害基数。

物理防治

采用人工捕捉害虫，摘除病叶，拔除严重病株集中销毁，利用害虫的趋避性，使用灯光、色板、异性激素等诱杀。

生物防治

保护和利用菊地中的瓢虫、蜘蛛、草蛉、寄生蜂、鸟类等有益生物，减少对天敌的伤害，使用生物源农药，如微生物农药和植物源农药。

化学防治

掌握适时用药，对症下药。同种化学农药在菊花生长期内避免重复使用，引种时应进行植物检疫，不得将检疫性病、虫随种苗带入或带出。

主要病虫害：病害以褐斑病、霜霉病、锈病为主，虫害以菊潜叶蝇、菊蚜虫、菊螨类等为主。

1. 菊花白锈病

是一种严重的世界性菊花病害，该病最早于1985年在日本发现，此后随着菊花苗木和切花菊在国际间的交易流通，该病开始在世界范围内传播。目前在各个切花菊种植区均有发生。菊花白锈病具有发展速度快、传播范围广、危害程度重等特点，切花菊一旦染病几乎完全失去观赏作用和商品价值，将会造成严重损失。尤其最近几年，很多出口切花菊的农场都深受白锈病的影响，导致质量下降无法达到出口标准。而且，随着种植面积的扩大，复种指数增大，传染概率进一步加大。甚至有部分种苗生产商也深受其影响，导致下游栽培者同受深远影响。事实上这个病害并非一种无法控制的病害，只要认识它、了解它，并通过一系列综合防治手段，就能有效控制及杜绝其发生。

发病症状：首先在染病叶的叶背产生很小的变色白斑，然后隆起呈灰白色的脓包状凸起，蜡粉状渐渐变为淡褐色。叶正面则为淡黄色至黄绿色的斑点，且轻微凹陷。病症严重时整叶布满病斑，造成叶片早期枯死；如果控制不当，会导致大面积发生。

防治方法：用25%甲霜灵WP800～1000倍液，或40%乙磷铝WP600～800倍液，或64%杀毒矾WP800～1000倍液，或58%雷米多尔·锰锌WP800～1000倍液，或72%杜邦克露WP800～1000倍液，一般7～10天喷1次，视病情，连续喷洒1～3次，每次喷药后结合放风，降低棚内湿度。

2. 菊花白粉病

是菊花上的常见病害，全国各种植区广泛发生，严重影响菊花产量和品质。初在叶片上现浅黄色小斑点，后渐扩大，病叶上布满白色粉霉状物，即病原菌的菌丝体和分生孢子。病情严重的叶片扭曲变形或枯黄脱落，病株发育不良，矮化。病菌以菌丝体在寄主上越冬，条件适宜时产生分生孢子借气流传播，有时孢子萌发产生的侵染丝直接侵入寄主表皮细胞，在表皮细胞内形成吸器吸收营养。菌丝体多匍匐在寄主表面，多处长出附着器，晚秋形成闭囊壳或以菌丝在寄主上越冬。春、秋冷凉，湿度大时易发病。

防治方法：彻底清除病残体，作深埋处理；栽培密度适宜；不偏施氮肥，适量增施磷钾肥。用5%粉锈灵可湿性粉剂1000～1500倍液，或40%福星乳油5000～6000倍液，或20%腈菌唑乳油1500～2000倍液喷雾；50%翠贝 dF（醚菌酯）500～2000倍液喷雾；4%朵麦可EW（四氟醚唑）1000～1500倍液喷雾；每隔7～10天喷1次，连喷3次。

3. 菊花霜霉病

此病春季发病导致幼苗衰弱或枯死，秋季染病整株枯死。主要为害叶片、嫩茎、花梗和花蕾。病叶褪绿，叶斑不规则，界限不清，初呈浅绿色，后变为黄褐色，病叶皱缩，叶背面菌丝较稀疏，初污白色或黄白色，后变淡褐色或深褐色。病菌以菌丝体在病部或留种母株脚芽上越冬，翌春2月中旬产生孢子囊借风飞散传播，进行初侵染和再侵染，秋季9月下旬至10月上旬又发病。该病多发生在年均温16.4℃、春季低温多雨的山区，秋季多雨病害再次发生或流行；连作地、栽植过密易发病。

防治方法：

（1）加强肥水管理，防止积水及湿气滞留。

（2）春季发现病株及时拔除，集中深埋或烧毁。

（3）发病初期开始喷洒25%甲霜灵WP800～1000倍液，或40%乙磷铝WP600～800倍液，或64%杀毒矾WP800～1000倍液，或58%雷米多尔·锰锌WP800～1000倍液，或72%杜邦克露WP800～1000倍液，隔7～10左右喷1次，共防1～3次，每次喷药后结合放风，降低棚内湿度。采收前3天停止用药。

4. 菊花褐斑病

该病主要为害菊花的叶片。从植株的下部叶片先发生，病斑散生，初为褪绿斑，而后变为褐色或黑色，病斑逐渐扩大成为圆形、椭圆形或不规则状，严重时多个病斑可互相连接成大斑块，后期病斑中心转浅灰色，散生不甚明显的小黑点，叶枯下垂，倒挂于茎上。

防治方法：

（1）彻底清除病叶及枯死植株，集中烧毁。

（2）加强养护管理，合理施肥和密植，注意降低土壤湿度。

（3）在发病初期及时喷施47%加瑞农可湿性粉剂800倍液，或10%世高水分散粒剂6000倍液，或40%福星乳油8000倍液防治。

5. 菊花黑斑病

菊花黑斑病是由菊针孢菌侵染引起的，主要为害菊花叶片。叶片被害初期，出现褪绿色或紫褐色小点，逐渐扩大为圆形、椭圆形或不规则形病斑，褐色或黑褐色，直径5～10 mm，病斑的大小与颜色和菊花品种有关。多个病斑可互相连接成大斑块，后期病斑中心转浅灰色，散生不甚明显的小黑点，病株从下部叶片开始顺次向上枯死但不脱落，严重时，仅留上部2～3张绿色叶片。

防治方法：发现病叶，立即摘除，阴雨天则少浇或不浇水，加强水肥管理，注意氮、磷、钾肥适当配合，防止植株徒长；发病期间喷洒杀菌剂，选用较抗病品种，实行轮作深翻，更盆换土壤，并渗入沙质、营养土种植。药剂使用50%异菌脲SC（扑海因）800～1000倍液，或50%腐霉利WP（速克灵）1000～1500倍液，或60%多·霉威（金万霉灵）WP800～1000倍液，或50%嘧霉胺·乙霉威WdG600倍液，或15%咪鲜胺mE1000～1500倍液，每7天喷1次，连续喷3～4次。

6. 菊花枯萎病

菊花枯萎病是药用植物菊花上的重要病害，全国各栽培区广泛分布，造成严重损失。初发病时叶色变浅发黄，萎蔫下垂，茎基部也变成浅褐色，横剖茎基部可见维管束变为褐色，向上扩展枝条的维管束也逐渐变成淡褐色，向下扩展致根部外皮坏死或变黑腐烂，有的茎基部裂开。湿度大时产生白霉，即病菌菌丝和分生孢子。该病扩展速度较慢，有的植株一侧枝叶变黄萎蔫或烂根。病菌主要以厚垣孢子在土中越冬，或进行较长时间的腐生生活。在田间，主要通过灌溉水传播，也可随病土借风吹往远处。病菌发育适温为24～28℃，最高37℃，最低17℃。该菌只为害菊花，遇适宜发病条件病程2周即现死株。潮湿或水渍田易发病，特别是雨后积水、高温阴雨、施氮肥过多、土壤偏酸易发病。

防治方法同黑斑病。

7. 菊花病毒病

又称花叶病，全株发病，为害较重。为害菊花的病毒种类很多，其中番茄不孕病毒（菊花株系）和菊花B病毒是为害菊花的主要病毒，发生极普遍，往往二者复合侵染。常见症状有：病株心叶黄化或花叶，叶脉绿色，叶片自下而上枯死；病株幼苗叶片畸形，心叶上有灰绿色略隆起的线状条纹，排列不规则，后期症状逐渐消失；叶片上产生黄色不规则斑块，边缘界限明显；叶片暗绿色，小而厚，叶缘或叶背呈紫红色，发病植株易染霜霉病和褐斑病致叶片早枯。其中菊花B病毒引发轻花叶或无症状，在感病品种上可形成重花叶和坏死斑。ToAV常表现为株小，花色不正常，有时致叶片变形或产生耳突。ToSWV引起叶片上产生白色环线状斑纹。当几种毒原混合侵染时，症状更加复杂。根据传播途径和发病条件，病毒在留种菊花母株内越冬，靠分根、扦插繁殖传毒。此外菊花B病毒和番茄不孕病毒还可由桃蚜、菊蚜、萝卜蚜等传毒；番茄斑萎病毒则由叶蝉、蓟马传毒。因菊花叶片中含多酚氧化酶，能抑制病毒体外传染，健康的植株不易发病。在田间蚜虫发生早、发生量大的地区或年份易发病，菊花单种、土壤贫瘠、管理粗放、距村庄近的发病重。

防治方法：

（1）染病菊花是带毒体，引种时要严格检疫，防止人为传播到无病区。

（2）防治传毒蚜虫，常用药剂有10%的吡虫啉可湿性粉剂1500～2000倍液，或20%的杀灭菊酯乳油5000～8000倍液喷雾。

（3）从无病株上采条作繁殖材料。有条件的采用茎尖组织培养进行脱毒，带毒的盆栽菊可置于36℃条件下处理21～28天，能脱毒。生产上经过热处理的菊花，病毒已被钝化，可用来作繁殖材料。

（4）在养护管理过程中，避免人为传毒。

8. 菊潜叶蝇

该虫食性杂。以幼虫潜入叶肉钻蛀为害，潜道纵横交错，造成叶肉被吃光，引起叶片枯萎。雌虫用产卵器刺破叶组织产卵，及雌雄成虫吸食叶片汁液，使叶片造成许多白点。3月下旬成虫出现，4～5月发生较多，为害较重，夏季发生少，秋季又有发生，但数量不多。雌虫白天活动，交尾后把卵产在叶缘组织里，每雌产卵45～90粒，幼虫潜食叶肉，老叶先受害，严重时1叶上有数十条潜道造成全叶枯黄。老熟幼虫在隧道末端化蛹，每年春夏之间受害重，秋季也为害，条件适宜时1个月即可完成1代。

防治方法：

（1）发现受害叶及时摘除。

（2）附近的豆科、十字花科、菊科杂草要及时清除，以减少虫源。

（3）在幼虫化蛹高峰期每8～10天喷洒下列药剂防治：1.8%爱福丁乳油2000～3000倍液，5%抑太保乳油1500～2000倍液，1.8%虫螨光乳油2000～3000倍液，75%灭蝇胺可湿性粉剂2000～3000倍液。

9. 菊蚜虫

菊蚜虫为常见虫害，可用以下药剂喷洒：21%灭杀毙乳油1500倍液，20%康福多浓乳剂3000～4000倍液，10%吡虫啉可湿性粉剂1500～2000倍液。

药剂防治在收获前1周停用。喷药时注意喷心叶及叶背。

10. 菊螨虫

铲除田头地边杂草，消除枯枝落叶并集中烧毁，在点片发生时及时喷洒以下药剂：8%爱福丁EC2000～3000倍液，1.8%虫螨光EC2000～3000倍液，5%卡死克EC1000～1500倍液，5%噻螨酮EC2000～2500倍液，10%哒螨灵EC2000～3000倍液。重点喷洒植株上部嫩叶背面、嫩茎、花器、生长点及幼果等部位，并注意交替轮换用药。

（五）采收

1. 采收时间与次数

11月上旬至12月上旬。分3～4次，每隔6～7天将达到标准的鲜花采下，直至采摘完毕。

2. 采收标准

当菊花植株顶部头状花序的花瓣70%散开时采收鲜花。要选择晴天早晨露水干后采收，一般不采露水花和雨水花。

3. 采收要求

采花时将好花、次花分开放置，注意保持花形完整，剔除泥花、虫花、病花，不夹带杂物。采用清洁透气的竹编、筐篓等器具盛装鲜花，采收后及时运抵加工场所，防止菊花变质和混入有毒、有害物质。

（六）加工

1. 基本要求

加工场所应宽敞、干净、无污染源，不应存放其他杂物，允许使用竹子、杉木等天然材料和不锈钢、食品级塑料制成的器具和工具，所有器具应清洗干净后使用。塑料器具不能在烘制加工时使用。加工人员应身体健康，并掌握加工技术和操作技能，加工过程中应做到菊花不直接与地面接触。加工、包装场所保持清洁卫生，禁止吸烟和随地吐痰，加工干制应采用天然、机械等物理方法，不得在加工过程中添加化学添加剂，不得用硫黄薰制。

2. 加工方法

菊花干制采用烘焙干制和机械干制方式。

烘焙干制：主要采用在烘房中烘干的加工方式。分上畚、初烘、复烘3道工序。烘房面积10 m²以上，烘房内要求通风透气，保持空气流动，设排放水汽窗口，燃烧室口、排烟道口应设在烘室外。用炭火烘干的，不能用明火，注意控制炭火温度，无烟操作。将采回的菊花，置烘房内以木炭或无烟煤在无烟的状态下烘焙干燥。鲜花上畚时将花薄摊在竹帘或网筛上，撒播均匀不见空隙，初烘温度50～60℃，烘焙2.5～3小时，雨水花需5～6小时。当第1轮烘至九成干时，再转入第2轮，复烘温度为30～40℃，烘焙1.5小时左右。当花瓣烘至象牙白色时，即可从烘房内取出，再置通风干燥处阴至全干。

机械干制：采用微波杀青、烘箱烘干的菊花干制加工方式。需有专用机械设备。

博落回栽培管理生产技术

郑平汉　郑舒靓

一、基本情况

博落回（*macleayacor data*）是粟科博落回属多年生直立草本植物，基部具乳黄色浆汁。茎光滑绿色，高可达4 m，多白粉，叶片宽卵形或近圆形，先端急尖、渐尖、钝或圆形，裂片半圆形、方形、三角形或其他，边缘波状、缺刻状，表面绿色，背面多白粉，细脉网状，常呈淡红色；大型圆锥花序多花，顶生和腋生；苞片狭披针形。花芽棒状，近白色，萼片倒卵状长圆形，舟状，黄白色；花丝丝状，花药条形，与花丝等长；子房倒卵形至狭倒卵形，蒴果狭倒卵形或倒披针形，无毛。种子卵珠形，有狭的种阜。6～11月开花结果。博落回是多年生草本植物，全草可入药，可以治疗跌打损伤、关节炎、汗斑、恶疮等症，起麻醉镇痛、消肿的作用。

二、生长习性

喜温暖、湿润的环境，喜肥、怕涝，有较强的耐旱力和抗寒力，对土壤要求不严，但以肥沃的土壤长势健壮。适宜的生长温度为22～28℃。中国长江以南、南岭以北的大部分省区均有分布，南至广东，西至贵州，西北达甘肃南部；日本也有分布。生于海拔150～830 m的丘陵或低山林中、灌丛中或草丛间。

三、功效

该种全草有大毒，不可内服，入药治跌打损伤、关节炎、汗斑、恶疮、蜂螫伤等症，有麻醉镇痛、消肿等功效；作农药可防治稻椿象、稻苞虫、钉螺等。

四、种植技术

1. 选地整地

博落回的生命力较强，性喜温暖湿润的环境，耐寒耐旱，对于环境的适应力强，对于土壤的要求不严，在光照充足和半阴处即可生长。但是种植时为了产量和品质，最好选择排水良好、富含有机质的腐殖质土或沙壤土为宜。整地时将地面的杂草残株清除干净，施入腐熟的农家肥作为基肥，挖好排水沟，以利后期排水，等待播种。

2. 种子繁殖

宜在清明前后播种。先将种子用水浸泡10～12小时，捞出，沥干表面水分，待其能自然散开后加入2倍量的细沙，拌匀；按行距40～45 cm开沟，沟深1～1.5 cm，踩平底格，施入充分腐熟并过细筛的厩肥作底肥，每亩1000 kg，或施入有机生物肥25～30 kg；再将种子与少量沙子混拌后均匀地撒入沟内，覆细土1 cm，稍加镇压，并保持土壤湿润。每亩用种量0.3～0.4 kg。

3. 田间管理

种子播种2周后开始出苗，20天左右基本出齐。苗齐后分2次间苗，株距40～45 cm，间下的小苗可用于移栽。小苗初期需要较多的水分，如遇干旱天气，应随时根据土壤湿度进行适当的浇水，保证根系尽快形成，以促进植株的生长。结合中耕除草适当松土。当苗高30 cm时，根据长势再次适量地进行根部追肥，以磷、钾肥为主，每亩20～25 kg，并进行根部培土。随着气温不断升高，根系也不断地发育完整，植株生长枝繁叶茂，此时进入粗放式管理，随时拔除大型的杂草（藜、苋、水红子等）。

雨季要防止田间积水，以减少和防止病害的发生。由于种植1次可获益多年，每年只要重复上年的管理工作即可。根的分生力较强，亩产量每年有较大幅度的增加，每隔2～3年还可以进行一次分根，以扩大种植面积及植株的生长空间。

4. 病虫害防治

病害主要是斑点病，为害叶片，病斑圆形或近圆形，直径2～10 cm，中心部分暗褐色，边缘黑褐色；后期中心部分灰褐色，其上生黑色小点，即病原菌的分生孢子器。病原为半知菌亚门叶点菌属真菌。发病规律：病菌以菌丝体和分生孢子器在病株残体上越冬，第2年在条件适宜时，分生孢子借雨水、气流传播而引起侵染。北方地区多在8月发生，但为害不重。

防治方法：①冬前清除田间病、残体并集中销毁；②可选用75%的百菌清600～800倍液，或50%的多菌灵600～700倍液喷雾防治。

虫害：苗期有蚜虫为害植株。防治方法：可用0.3%苦参碱水剂800～1000倍液喷杀，或采用其他杀虫剂喷杀。平时应多观察，对于病虫害做到早发现、早防治，以减少用药的剂量和次数。应用农药时要选择高效、低毒、低残留的新型药剂，禁用淘汰的有机磷类农药。

粉防己栽培管理生产技术

郑平汉

粉防己为我国著名的传统常用中药，为防己科植物粉防己及马兜铃科植物广防己的干燥根。前者习称"汉防己"，主产于安徽、浙江、江西、福建等地；后者习称"木防己"，主产于广东、广西、云南等地。该科植物一般自然生长在河沿、山脚、地边等生境，安徽皖南山区、浙江北部和江西中北部等地为传统产区。粉防己始载于《神农本草经》，被列为中品，历代本草文献均有记载。具有利水消肿、祛风止痛等功效，常用于水肿鼓胀、湿热脚气、手足挛痛、癣疥疮肿、高血压等症。现代研究表明，粉防己含有粉防己碱等有效成分，可祛风止痛，对高血压病等有特效，还可以护肝解毒，药用价值高。另外由于习用品广防己（木防己）含有马兜铃酸，国家药监局于2004年取消了广防己的药用标准，中国药典已删除广防己条，并不再用于药品生产，使汉防己的市场需求越来越大，价格随之节节攀升，从2004年的6元/kg上涨到2018年的115元/kg。受高价刺激，药农无序采收，同时由于农区化学、除草剂等农药过度使用和农田、河堤工程改造，造成该品种特有生存空间的压缩，使野生资源濒临枯绝，目前，野生资源枯竭，货紧价扬，然而粉防己的人工种植研究却极少。那么，粉防己应怎样人工种植呢？需掌握好哪些种植技术要点，才能高效高产，提高经济效益呢？现从生产实践中整理出一套技术，和大家共同探讨。

一、选地、整地

1. 选地

粉防己种植以含腐殖质的沙壤土为宜，土质疏松的黄土、黑褐土也可以栽培，宜选择排灌方便、土壤疏松肥沃、土质微酸的山坡地或荒地作种植基地，也可选择野生环境相近的山脚地、河沿地、高塝地种植。

2. 整地

3月下旬，将地块深翻后，按每公顷撒施1500 kg农家肥或7500 kg有机肥进行耙平、开沟，起垄，垄宽120 cm，高25～30 cm以上，沟宽35cm，要求垄中间高，两边低，落差10cm左右，以利排水和植株根系生长。苗床用40%甲醛1000～1200倍液消毒，杀灭杂菌、虫卵。

二、繁殖方法

1. 种子繁殖

（1）种子采集和贮藏：粉防己野生种子的采收时间为10月下旬至11月中旬，选择成熟蒴果呈红色或棕红色时采收，用洁净的清水洗净果实表层后阴干，严禁暴晒或烘干处理，保证种子发芽率，种子阴干后放置在阴凉、通风、干燥处，用透气纱网袋吊置存放。

（2）播种：播种应选择清明前后，按行距25 cm，每垄4行播种，用种量7500 g/ hm²。用草木灰或细沙土拌匀后条播，覆盖1 cm左右薄土层后，再用稻草或稻壳覆盖保湿，以能看见30%土壤为宜，不宜太厚，以免影响出苗。

2. 扦插繁殖

选择1～2年生的旺枝，无病害、茎节粗壮的藤蔓作为插条，截成10～15 cm，每个插条留3～4个节。在3月底4月初扦插，按10 cm×15 cm的株行距进行斜扦插，插条入土1/3，上部露出2～3个节。插后浇水、盖草保湿。

3. 块根繁殖

选择粉性充足的野生粉防己块茎（俗称母条）切成4～5 cm长段，按距株10 cm，行距25 cm，在11月底至翌年3月前植入整好的地块（选地、整地、田间管理方法同种子繁殖法）。5月份开始出苗，当年苗高80 cm左右，3年后，新生主根均长40 cm左右，根径1.2 cm左右。6年后块根长度和根径与种子繁殖法相似，差异不明显。

缺点：消耗有限野生资源，繁殖系数不高，费工，采集种苗成本高。

4. 芦头繁殖

选择粉性充足的野生粉防己芦头部分按株距10 cm，行距25 cm，按块根繁殖方法进行选地、整地和田间管理，种植3年后发现毛细根较多，主根与侧根无明显差异，根长30 cm左右，根径0.4 cm；6年后，根长42 cm左右，根径1.1 cm。单位产量比前述2种减少50%。

缺点：破坏野生资源，繁殖系数不高，费工、费时，产量低，成本高。

三、田间管理

1. 遮阴

植株幼苗喜阴，插条后应适当遮阴或间种其他经济作物进行遮阴，促进苗木生长。

2. 中耕除草和间苗

一般播种后30天左右开始出苗，大约在5月中旬苗齐后，进行人工除草和间苗，直播苗密度为株距5 cm，行距25 cm。植株第1年地上部分到霜降开始枯萎，期间根据植株长势和草情，进行不少于3次中耕除草，当年植株地上部分生长高度为30～50 cm左右。

3. 排灌

经常保持田间湿润，利于植株成活，成活后少浇水，特别是雨季，要做好排水工作，防止浸渍烂根。

4. 施肥

开花前，每亩需施用2500 kg稀人粪尿和过磷酸钙液，翌年春，行间开沟，每亩需追施肥1500 kg土杂肥或20～30 kg过磷酸钙与10～15 kg硫酸铵。

5. 搭设支架

粉防己属藤本攀缘植物，第2年5月出苗后，当苗高30 cm时，应设支架，用竹竿、织网为植株做攀附物，以利茎蔓攀缘生长。株高150 cm后打顶控高，控制地上部分疯长，防止其他植株竞争其生长空间，促进根部发育，直到药材成熟采挖。

6. 病虫害防治

（1）叶斑病：该病为害叶片，多发生于高温高湿的夏季。防治方法：发病初期用1∶1∶120波尔多液喷雾，每7天喷1次，连喷2～3次。

（2）根腐病：多发生于夏季，为害根部，排水不良地较重。防治方法：用0.5%硫酸铜800～1000倍液或30%福美双500倍液喷雾。

（3）凤蝶：以幼虫咬食叶片，可用敌百虫防治。

（4）蚜虫：用25%吡蚜酮悬浮剂2000倍液或22.4%螺虫乙酯悬浮剂4000倍液喷雾。

（5）金龟子：成虫用20%氯虫苯甲酰胺悬浮剂1500倍液或20%除虫脲悬浮剂1500倍液于花前、花后树上喷雾防治，喷药时间为下午4点以后活动为害时。

以后田间管理每年按上述操作规程进行，粉防己野生变种植后商品药材成熟期约为6年，比野生环境下提前5年左右，种植3年后，地下部分块根（主根）长35 cm左右，根径1.2 cm左右，6年后块根长45 cm左右，主根径2～3 cm左右，符合商品药材标准。

四、采收加工

采收时间为秋季，洗净泥土，去除须根和粗皮，切成3～4 cm长段，个大者纵切两半，烘干或晒干，严禁用硫黄薰烘。

五、结束语

通过上述4种种植方式的比较，可以看出用种子繁殖育苗，具有生产成本低，操作简便易行，植株生产优势明显，生产周期短，单位产量高的特点。况且，粉防己在原生态环境中依靠种子自然成熟脱落，扩散繁殖，能保持野生遗传性状无异。实践证明：粉防己野生变种植采用半人工栽培繁殖技术切实可行，有利于野生资源开发的可持续利用，而且能不断满足该品种的市场旺盛需求。下一步我们将对汉防己野生变种植后的性状和有效成分含量进行跟踪调查监测，建立产品质量溯源体系，总结制定粉防己野生变种植技术操作规程，保证产品质量，缩短生产周期，提高单位产量和经济效益，为粉防己野生变种植后的规范化基地建设提供技术支撑。

石菖蒲栽培管理生产技术

郑平汉

一、石菖蒲简介

石菖蒲（*Acorustatarinowii*），属天南星科菖蒲属禾草状多年生草本植物，其根茎具气味。叶全缘，排成2列，肉穗花序（佛焰花序），花梗绿色，佛焰苞叶状。生长于海拔20～2600 m的地区，多生在山涧水石空隙中或山沟流水砾石间（有时为挺水生长），多生在密林下。分布于亚洲，包括印度东北部、泰国北部、中国、韩国、日本、菲律宾与印尼等国。根茎常作药用。气芳香，味苦、微辛，归心、胃经。化湿开胃，开窍豁痰，醒神益智，理气，活血，散风，去湿。用于癫痫，痰厥，热病神昏，健忘，气闭耳聋，心胸烦闷，胃痛，腹痛，冠心病，肺心病，风寒湿痹，痈疽肿毒，跌打损伤等症。

二、生物学特性

石菖蒲，多年生草本。根茎横卧，芳香，粗5～8 mm，外皮黄褐色，节间长3～5 mm，根肉质，具多数须根，根茎上部分枝甚密，因而植株成丛生状，分枝常被纤维状宿存叶基。叶片薄，线形，长20～30（～50）cm，基部对折，中部以上平展，宽7～13 mm，先端渐狭，基部两侧膜质，叶鞘宽可达5 mm，上延几达叶片中部，暗绿色，无中脉，平行脉多数，稍隆起。花序柄腋生，长4～15 cm，三棱形。叶状佛焰苞长13～25 cm，为肉穗花序长的2～5倍或更长，稀近等长；肉穗花序圆柱状，长2.5～8.5 cm，粗4～7 mm，上部渐尖，直立或稍弯。花白色。成熟果穗长7～8 cm，粗可达1 cm；幼果绿色，成熟时黄绿色或黄白色。花、果期2～6月。

三、石菖蒲的主要用途与年需求量

石菖蒲为常用中药材，主要用于中药饮片厂加工中药饮片、制药厂制作中成药和植物提取物企业提取生物挥发油及糖类、有机酸、氨基酸等。同时，石菖蒲常绿而具光泽，性强健，能适应湿润，特别是较阴的条件，宜在较密的林下作地被植物，具有园林观赏价值。

石菖蒲，是中医临床上治疗失眠、风湿痹痛、癫痫、胃痛、腹痛，冠心病、肺心病、痈疽肿毒、跌打损伤等症状的常用药物之一。近年来，由于受人口老龄化加剧的影响，以石菖蒲作为原料的中成药如安神补心丸、麝香解痛膏以及治疗腰腿痛药的需求量逐年增加。复方石菖蒲碱式硝酸铋片、复方石菖蒲碱式碳酸铋片、菖蒲四味胶囊、九气心痛丸、五子降脂胶囊、伤筋正骨酊、六灵解毒丸、养心宁神丸、冠心泰丸、前列安栓、双姜胃痛丸、固精补肾丸、天王补心片、妇宁康片、抗病毒口服液、散风活络丸等200多种中成药配方中都需要石菖蒲。

石菖蒲的社会需求量颇大，适用厂家较多，加上其有效成分挥发油及糖类、有机酸、氨基酸的提取和新资源药物开发，其用量也会逐渐增多，同时石菖蒲也是各种临床配方中的常用中药材，据中成药厂家信息反馈，石菖蒲的年需求量在5000t以上。

四、石菖蒲资源逐年减少，库存薄弱，家种刚刚起步

石菖蒲生长周期为3年，生长缓慢。同时恢复的过程也相当漫长，一般来说，采挖过后的地方很难再生长出来了，加之现在环境破坏日益严重，未来产量下降已是事实，野生资源减少导致价格上涨。

虽然说有些深山尚有部分野生石菖蒲资源，但是基于农村大部分青壮劳动力外出务工，工价上升，年龄大的老农已力不从心的现实情况，采挖难度也会越来越大，随着野生资源的减少更是提高了人工采摘的成本，所以价格难有下滑。

一些看好石菖蒲的药商这几年陆续囤积了部分货源，一些用量较大的中成药企业也都有一定的储备。但石菖蒲因含有挥发性的有效成分，每存放上一年，都将缩减一成的比重。所以目前产地和市场的陈货库存量不丰。

石菖蒲在目前来说家种资源尚未得到大力发展，其中最主要的原因就是它与生长环境有关。国内零星分布较广，主产于湖南、安徽、江西、浙江、湖北、贵州、四川等地。石菖蒲生长在海拔20~2600 m的山谷湿地、山沟、溪边、林下，不耐阳光暴晒，一经暴晒叶片就会变黄，也不耐干旱，稍微耐寒。在国内来说家种几乎少有。

总体看来，石菖蒲的生产很难在短期内恢复。

五、市场分析

石菖蒲市场行情随着野生资源逐年递减，奠定了行情呈阶梯式上涨的趋势。石菖蒲野生原料已从6年前的24元/kg左右涨至目前的40元/kg左右，涨幅高达60%左右，同比上涨20%左右。

纵观石菖蒲历史行情走势显示，作为纯野生品种，早年因资源供应量相对充足，人工采收难度不大，物价、工资水平普遍偏低，导致价格不高。近年来，由于物价与工资水平明显提升，加上野生资源的持续无序采挖，导致资源濒临枯竭，采挖成本增加，为石菖蒲行情上涨奠定了基础。

目前产地购销顺畅，行情稳定，石菖蒲野生原料均价在40元/kg左右，受产地、规格、含量的影响，不同的产地，价格也不一样。随着野生资源日益减少，分布稀疏，采挖难度增加，必然会带动生产成本递增。石菖蒲未来行情仍将继续上涨。

六、效益分析

石菖蒲至今仍以采挖野生入药为主，野生资源逐年递减，人工种植尚未形成规模。石菖蒲用途广泛，市场需求量日益增多，近年上市量逐年减少，货源常供不应求，现已成为市场上的畅销货，价格不断走高，目前每公斤销价为40元左右，发展种植前景十分看好。石菖蒲管理得当，亩产可达500kg左右，按目前市场价格40元/kg计算，亩产值在20000元以上，经济效益十分可观。

七、栽培技术

1. 用根茎繁殖

春季挖出根茎，选带有须根和叶片的小根茎作种，按行株距30 cm×15 cm穴栽，每穴栽2～3株，栽后盖土压紧。

2. 田间管理

栽后生长期注意拔除根部杂草，松土和浇水，切忌干旱。并追施人粪尿2次。以氮肥为主，适当增加磷钾肥。在每次收获后，对保留的一小部分植株，稍加管理，2～3年后又可收获。

3. 病虫害防治

虫害有稻蝗，为害叶片，可用90%晶体敌百虫1000倍液防治。

4. 采收和贮藏

栽后3～4年收获。早春或冬末挖出根茎，剪去叶片和须根，洗净晒干。

吴茱萸栽培管理生产技术

郑平汉

吴茱萸别名吴萸、茶辣、漆辣子、臭辣子树、左力纯幽子、米辣子等。通常分大花吴茱萸、中花吴茱萸和小花吴茱萸等几个品种。小乔木或灌木，高3～5 m，嫩枝暗紫红色，与嫩芽同被灰黄色或红锈色绒毛，或疏短毛。生于平地至海拔1500 m间的山地疏林或灌木丛中，多见于向阳坡地。各地有少量或大量栽种。嫩果经炮制晾干后即是传统中药吴茱萸，简称吴萸，是苦味健胃剂和镇痛剂，又作驱蛔虫药。其性热味苦辛，有散寒止痛、降逆止呕之功，用于治疗肝胃虚寒、阴浊上逆所致的头痛或胃脘疼痛等症。

一、形态特征

叶有小叶5～11片，小叶薄至厚纸质，卵形、椭圆形或披针形，长6～18 cm，宽3～7 cm，叶轴下部的较小，两侧对称或一侧的基部稍偏斜，边全缘或浅波浪状，小叶两面及叶轴被长柔毛，毛密如毡状，或仅中脉两侧被短毛，油点大且多。

花序顶生；雄花序的花彼此疏离，雌花序的花密集或疏离；

萼片及花瓣均5片，偶有4片，镊合排列；雄花花瓣长3～4 mm，腹面被疏长毛，退化雌蕊4～5深裂，下部及花丝均被白色长柔毛，雄蕊伸出花瓣之上；雌花花瓣长4～5 mm，腹面被毛，退化雄蕊鳞片状或短线状或兼有细小的不育花药，子房及花柱下部被疏长毛。

果序宽3～12 cm，果密集或疏离，暗紫红色，有大油点，每分果瓣有1种子；种子近圆球形，一端钝尖，腹面略平坦，长4～5 mm，褐黑色，有光泽。花期4～6月，果期8～11月。

二、生产习性

产于秦岭以南各地，但海南未见有自然分布，曾引进栽培，均生长不良。对土壤要求不严，一般山坡地、平原、房前屋后、路旁均可种植。中性、微碱性或微酸性的土壤都能生长，但作苗床时尤以土层深厚、较肥沃、排水良好的壤土或沙壤土为佳，低洼积水地不宜种植。

三、种植技术

（一）繁殖方式

1. 根插繁殖

选4～6年生、根系发达、生长旺盛且粗壮优良的单株作母株，于2月上旬挖出母株根际周围的泥土，截取筷子粗的侧根，切成15 cm长的小段，在备好的畦面上，按行距15 cm开沟，按株距10 cm，将根斜插入土中，上端稍露出土面，覆土稍加压实，浇稀粪水后盖草，2个月左右即长出新芽，翌春或冬季即可出圃定植。

2. 枝插繁殖

选1～2年生发育健壮、无病虫害的枝条，取中段于2月间剪成20 cm长的插穗，插穗须保留3个芽眼，下端近节处切成斜面。将插穗下端插入1mL/L的吲哚丁酸溶液中，浸半小时取出插入苗床中，入土深度以穗长的2/3为宜，覆土压实，浇水遮阴，一般经1～2个月即可生根，第2年就可移栽。

3. 分蘖繁殖

吴茱萸易分蘖繁殖，可于每年冬季距母株50 cm处，刨出侧根，每隔10 cm割伤皮层，盖土施肥覆草。翌年春季，便会抽出许多的根蘖幼苗，除去盖草，待苗高30 cm左右时分离移栽。

（二）选地整地

吴茱萸对土壤要求不严，一般山坡地、平原、房前屋后、路旁均可种植，每亩施农家肥2000～3000 kg作基肥，深翻暴晒几日，碎土耙平，做成1～1.3 m宽的高畦。

四、栽培管理

（一）适时移栽

冬、春两季移栽，冬季移栽为好（12月左右），春季（3～4月）按330～400 cm的株距挖穴，直径50～60 cm，穴深视根的长短而定。先施入腐熟的厩肥或河泥作为基肥，栽苗覆土压紧。初栽苗小，可以和花生、豆类及红薯等间套作。

（二）田间管理

适时中耕除草并保持土壤湿润，春季萌发前施1次腐熟的人粪尿，施肥量随树龄而定，3年生每株施人粪尿10～25 kg，在距植株48 cm左右处开环状浅沟施下，覆土。7月开花结果前，施1次磷钾肥，冬季追施1次堆肥（或河泥、人粪尿）、草木灰等，培土防冻。

（三）整枝修剪

幼树株高80～100 cm时剪去主干顶梢，促其发芽，在向四面生长的侧枝中，选留3～4个健壮的枝条，培育成为主枝。第2年夏季，在主枝叶腋间选留3～4个生长发育充实的分枝，培育成为副主枝，以后再在主枝上放出侧枝。经过几年的整形修剪，使其成为外圆内空，树冠开阔，通风透光，矮干低冠的自然开心形的丰产树形，3～4年之后便可进入盛果期。

（四）病虫害防治

1. 病害

（1）真菌病：病原为真菌中的一种子囊菌，当受蚜虫、长绒棉蚧虫为害时，植株诱发出不规则的黑褐色霉状斑，发生后期，叶片和枝干上覆盖一层霉状物，严重时树势衰弱，开花结果少。用25%吡唑嘧菌酯1000～1500倍液7天1次，38%恶霜嘧铜菌酯800～1000倍液10天1次等喷雾防治。

（2）锈病：病原为真菌中的一种担子菌，为害叶片。发病初期叶片出现黄绿色小点，后期叶背形成橙黄色微凸起的小疱斑（夏孢子堆），疱斑破裂后散出橙黄色的夏孢子，叶片上病斑增多，以致叶片枯死。一般多在5月中旬发生，6～7月为害更为严重。防治方法：发病期喷0.2%～0.3%的石硫合剂，或50%二硝散200倍液，或敌锈钠300倍液（加洗衣粉150 g），每7～10

天喷1次，连续喷2～3次。

（3）树脂病：是吴茱萸常见的一种病害。叶片起黑点，逐渐扩大，可用波尔多液（硫酸铜1 kg，生石灰1.5 kg，加水2.5 kg）涂刷于树干上，或用牛粪涂在树干上加以防治。

2. 虫害

（1）褐天牛：其幼虫从树干下部30～100 cm处或在粗枝上蛀入茎秆中，咬食木质部，严重时病株可枯死。防治方法：5～7月成虫盛发期人工捕杀，并在产卵裂口处刮除卵粒及初孵幼虫；幼虫蛀入木质部后，见树干上有新鲜的蛀孔，即可用钢丝钩杀或用蘸有浓石灰浆原液的棉球堵塞洞口，并以黄泥塞封严密以毒杀幼虫。

（2）柑橘凤蝶：其幼虫常为害幼芽、嫩叶成缺刻或孔洞，以5～7月为害最为严重。3龄后，幼虫食量增大，能使幼枝上大量叶片被吃光而成秃枝，严重影响植株生长。防治方法：在幼虫低龄期，喷以90%敌百虫1000倍液，每隔5～7天喷1次，连续喷2～3次；在幼虫3龄以后，喷以每克含菌量为100亿的青虫菌300倍液，每隔10～15天喷1次，连续喷2～3次。

（3）土蚕：主要有地老虎和黄地老虎幼虫为害幼苗，以4～5月为害严重。防治方法：清晨在田间人工捕杀；为害盛期（4～5月），用炒香的麦麸或菜籽饼（或棉籽饼）5 kg与90%晶体敌百虫100g制成毒饵诱杀，或用90%敌百虫1000～1500倍液在下午浇穴毒杀；每667m²用2.5%敌百虫粉剂2 kg，拌细土15 kg，撒于植株周围，结合中耕，使毒土混入土内，可起到保苗作用。

（4）老木虫：幼虫在树干内蛀食，茎秆中空死亡，7～10

月在离地面30 cm以下主干上出现末状胶质分泌物、木屑和虫粪。防治方法：用小刀刮去卵块及初孵虫。幼虫蛀入木质内部，用药棉浸80%敌敌畏原液塞入蛀孔，封住洞口毒杀幼虫。

（5）煤污病：5月上旬至6月中旬，蚜虫、长绒棉蚧虫发生较多的情况下发生。防治方法：蚜虫、长绒棉蚧虫发生期，用25%吡蚜酮悬浮剂2000倍液或22.4%螺虫乙酯悬浮剂4000倍液喷雾，每隔7天喷1次。

五、收获与加工

吴茱萸一般是生长3年即开花结果，于农历七八月采收。每株树可产鲜吴茱萸5～15 kg，高产的可达40 kg（约5 kg鲜货折干货1 kg）。果实摘下后，放于太阳下晒干，然后将果柄搓脱，簸去梗蒂即成。

六、药材形状

本品呈五棱状扁球形，直径2～5 mm。表面绿褐色或暗黄绿色，粗糙，有许多点状凸起或凹下的油点。顶端有五角星状的裂隙，基部有残留被有黄色茸毛的果梗。质硬而脆，子房5室，每室有淡黄色种子1～2粒。气芳香浓郁，味辛辣微苦。

射干栽培管理生产技术

郑平汉

射干是鸢尾科多年生植物射干（*Belamcanda chinensis*）的根茎。种子黑色，近球形。花期7～9月。果期8～10月。主产于湖北、河南、四川、江苏、安徽等地。湖南、浙江、广西等地亦有分布，多为栽培。

射干为较常用中药，有悠久的应用历史和较长的栽培历史。本品具有清热解毒、消痰利咽的功效。其品种比较复杂，诸家颇多争议，当以苏颂所言"今在处有之，人家多种之。叶大类蛮姜，六月开花，黄红色，瓣上有细纹。秋结实作房，中子黑色"即是当今所用正品射干。

一、形态特征

叶互生，嵌迭状排列，剑形，长20～60 cm，宽2～4 cm，基部鞘状抱茎，顶端渐尖，无中脉。

花序顶生，叉状分枝，每分枝的顶端聚生有数朵花；花梗细，长约1.5 cm；花梗及花序的分枝处均包有膜质的苞片，苞片披针形或卵圆形；花橙红色，散生紫褐色的斑点，直径4～5 cm；

花被裂片6，2轮排列，外轮花被裂片倒卵形或长椭圆形，长约2.5 cm，宽约1 cm，顶端钝圆或微凹，基部楔形，内轮较外轮花被裂片略短而狭；雄蕊3，长1.8～2 cm，着生于外花被裂片的基部，花药条形，外向开裂，花丝近圆柱形，基部稍扁而宽；花柱上部稍扁，顶端3裂，裂片边缘略向外卷，有细而短的毛，子房下位，倒卵形，3室，中轴胎座，胚珠多数。

蒴果倒卵形或长椭圆形，黄绿色，长2.5～3 cm，直径1.5～2.5 cm，顶端无喙，常残存有凋萎的花被，成熟时室背开裂，果瓣外翻，中央有直立的果轴；种子圆球形，黑紫色，有光泽，直径约5 mm，着生在果轴上。花期6～8月，果期7～9月。

二、生长环境

射干生长于光照充足、湿润的荒坡、旷地、沟谷或荆棘丛中；大部分生于海拔较低的地方，但在西南山区，海拔2000～2200 m处也可生长。耐干旱和寒冷，对土壤要求不严，山坡旱地均能栽培，以肥沃疏松、地势较高、排水良好的沙质壤土为好。中性壤土或微碱性适宜，忌低洼地和盐碱地。

三、种植技术

（一）选地整地

选择地势高而干燥、排水良好、土层较深厚的沙质壤土或向阳的山地，但不宜在低洼积水地、盐碱地或有线虫病的土地种植。整地时要施足底肥，每667 m²施用人畜粪2500 kg或饼肥、过磷酸钾20 kg。翻地、耙平后做高20 cm、宽1.2 m的畦，并开30 cm宽的沟，以利排水。

（二）种植方法

1. 根状茎繁殖

秋季采挖射干时，选择无病虫害，色鲜黄的根状茎，按自然分枝切断，每段根状茎带有根芽1～2个和部分根须，留作种栽。于早春或秋季与收获同期进行栽种。在整地耙细的高畦上，按行距25 cm、株距20 cm，挖15 cm深的穴，每穴栽种2个，间距6 cm，芽头向上，填土压紧。栽后约10天出苗。若根芽已呈绿色，可任其露在上面；呈白色而短者，应以土掩埋。每667m²射干种可分种3335～4002m²。

2. 种子繁殖

（1）留种与采种：选择生长健壮，无病虫害的2年生射干留作种用，并加强管理。9～10月，当果壳变黄，将要裂口，种子变黑时，拣熟果分批采收，置室内通风处晾干后脱粒。

（2）种子处理：将已脱粒的种子先摊放在簸箕内，置通风干燥处，晾干外种皮水分，将种子和湿沙以1∶5的比例混合，堆积贮藏，以备翌春取出播种。经处理后的种子发芽快，发芽率可高达80%以上（种子寿命2年）。

（3）播种：分育苗和直播2种。

①育苗法：即在整平耙细的苗床上，于春季3月下旬至4月上旬，或秋冬季9～12月中旬，进行条播或点播，以春播为好。条播：按行距2 cm，横向开宽10 cm、深6 cm的播种沟，将种子均匀地撒在沟内，覆盖火土灰厚约5 cm，上盖草厚3 cm。每667m²用种量约10 kg。点播：按行距20 cm，株距15 cm挖穴，深6 cm，

穴底要平整，施入适量粪肥和饼肥，上盖细土3 cm，以防灼伤种子。每穴播入种子6~8粒，均匀排列，播后盖细土，加盖稻草。约半个月后发芽。每667 m²播种量2.5 kg左右。当苗高5~6 cm时，移至大田定植，株行距15 cm×20 cm。

②直播法：即整地施肥后，按行距50 cm，做宽20 cm的高垄，在垄中间开沟将种子均匀地播入沟内，覆盖细土厚5 cm，稍压紧后浇水，上盖草3 cm。隔半个月出苗后，及时揭去盖草，加强田间管理。当苗高10 cm左右时按株距20 cm定苗。每667 m²播种量4~5 kg。亦可直接挖穴点播，每穴下种5~6粒，方法同前；此法管理方便，并节省种子，每667 m²用种量2 kg。

3. 摘蕾

无性繁殖的当年开花结果；种子繁殖的2年开花。射干花期长，开花结果多，消耗大量养分，除留种者外，一律在抽薹时摘除花蕾。摘蕾应选晴天的早晨，露水干后进行，分期分株摘除。

四、栽培管理

（一）中耕除草

春季出苗后应勤除草、松土。1年之内进行3~5次，春、秋季各2次，冬季1次。2年生的射干在6月封行后，只能拔草，不能松土，但在根际部要及时培土，以防止倒伏和影响产量。

（二）追肥与排灌

射干喜肥，除施足基肥外，对生长2年以上的植株要重视追肥。每年春、秋、冬3季，结合中耕除草每667 m²施人畜粪1500 kg、饼肥50 kg，加适量草木灰和过磷酸钾。射干怕涝，雨水过多时，应及时清沟排水，防止积水烂根。射干耐干旱，但在出苗期和定苗期要灌水，保持田间湿润。在苗高10 cm后，可不用灌水。久晴不雨，可采用清粪水浇苗。

（三）病虫害防治

1. 病害

（1）锈病：秋季为害叶片，出现褐色隆起的锈斑。成株发病早，幼苗发病晚。防治方法：发病初期喷95%敌锈钠400倍液，每7～10天喷1次，连续喷2～3次。

（2）根腐病：多发生于春夏多雨季节，多因带菌的种子或土壤积水，或使用未腐熟的畜粪作底肥而发病。防治方法：选无病的苗移栽定植。用1:1:120的波尔多液喷洒植株，或每667 m^2用茶饼7.5 kg，开水浸泡凉后浇于植株根部；及时拔除病株，病穴和病区用生石灰进行土壤消毒。发病初期用98%恶霜灵可湿性粉剂1500～2000倍液喷雾1～2次，或50%多菌灵可湿性粉剂800～1000倍液喷雾1～2次。

2. 虫害

（1）蛴螬：为害地下茎。发生初期，可用20%氯虫苯甲酰胺悬浮剂1000～2000倍液喷雾使用；或者3%辛硫磷颗粒剂2000～2500 g/亩拌细土均匀撒施。

（2）钻心虫：又名环斑蚀夜蛾，发生较为普遍，为害严重。幼虫孵化后钻进幼嫩的新叶取食，吃掉叶肉，留下表皮，叶上呈针头状大小或稍大的透明点。5月上旬多数幼虫蛀入叶鞘内，为害叶鞘，使叶鞘呈水渍状并枯黄。6月上中旬，幼虫为害茎基部，植株被咬断，枯萎致死。7～8月高龄幼虫为害根状茎，咬成通道或孔洞，受害后常导致病菌侵入，引起根状茎腐烂。9月上旬后老熟幼虫在受害的根状茎附近化蛹。防治方法：针对射干钻心虫孵化期较一致的特点，在越冬孵化盛期，喷0.5%西维因粉剂，每667 m²用量1.5～2.5 kg；5月上旬幼虫为害叶鞘期间可用50%磷胺乳油2000倍液喷雾；6月上旬在幼虫入土为害前用90%晶体敌百虫800倍液泼浇；利用钻心虫雌蛾能分泌性激素诱集雄蛾的效能，可捕捉几只雌蛾放养笼内并置于射干地里，把诱来的雄蛾集中消灭。

五、收获与加工

种子直播的射干3～4年可采收，根状茎繁殖的2～3年采收。秋季当射干茎叶全枯萎（先采收种子）后挖出根状茎。挖回后，除去泥土，晒至半干，用火燎去毛须，再晒干或烘干。

六、药材形状

本品为不规则的结节状或具分枝，长3～10 cm，直径1～2 cm。表面浅棕色或棕褐色，皱缩不平，有较密的扭曲环纹；上面有数个圆盘状凹陷的茎痕，下面有残留的须根或根痕。质坚硬，断面黄色，微显颗粒状。气微，味苦微辛。

何首乌栽培管理生产技术

郑平汉

何首乌属多年生缠绕性藤本攀缘植物,生长缓慢,一般认为,野生何首乌要生长3年以上,才能形成较大的块根作为药用。近年来,由于药商收购,农民乱采乱挖,致使野生何首乌资源破坏严重,面临枯竭,发展人工栽培前景看好。

一、人文故事

据宋代《本草图经》引用的《何首乌录》中记载,相传在唐代元和年间,顺州南河县有一个叫何田儿的人,自幼体弱多病,家境贫寒,直到58岁尚未娶妻成家,因喜欢道家学说便跟随师傅入山学道。偶有一日因酒醉不能归家,醉卧于山野之中。半夜酒醒,但见月明星稀,周围的景物看得一清二楚,身旁不远处有2株藤状植物,相距约3尺远,只见那2条蔓藤慢慢靠近,相交而拥抱,久久始开,开后又抱,如此者数次。何田儿惊诧异常,待到天明便将这个植物连根挖出后带回家中,但问遍左邻右居均没有人能认识是何植物。有一日,忽然来了个须发飘逸的山中老者,对他说:"你连个儿子都没有，这怪藤恐怕是上天送给你的仙药，何不服用试试？"于是，何田儿将其根捣为细末，用酒送服，数月之间身体强健，便娶妻生子，改名为何能嗣，活到160岁。何氏家族以服用此药为传统，所以寿命均在百岁以上，而且须发犹黑，后世故将此药命名为"何首乌"。这种传说虽不可信，但也说明了何首乌的补益功效在人们心目中的地位。

淳安县出产何首乌历史悠久，清顺治年间的《修淳安县志》中就有相关记载。长期以野生为主，随着野生资源枯竭，近几年也开始家种，取得了很好的经济效益。

二、形态特征

何首乌为多年生植物。块根肥厚，长椭圆形，黑褐色。茎缠绕，长2～4 m，多分枝，具纵棱，无毛，微粗糙，下部木质化。

叶：卵形或长卵形，长3～7 cm，宽2～5 cm，顶端渐尖，基部心形或近心形，两面粗糙，边缘全缘；叶柄长1.5～3 cm；托叶鞘膜质，偏斜，无毛，长3～5 mm。

花：花序圆锥状，顶生或腋生，长10～20 cm，分枝开展，具细纵棱，沿棱密被小凸起；苞片三角状卵形，具小凸起，顶端尖，每苞内具2～4花；花梗细弱，长2～3 mm，下部具关节，果时延长；花被5，深裂，白色或淡绿色，花被片椭圆形，大小不相等，外面3片较大背部具翅，果时增大，花被果时外形近圆形，直径6～7 mm；雄蕊8，花丝下部较宽；花柱3，极短，柱头头状。

果：瘦果卵形，具3棱，长2.5～3 mm，黑褐色，有光泽，包于宿存花被内。花期8～9月，果期9～10月。

三、繁殖方法

（一）育苗繁殖

1. 采种和贮藏

首先采集品种纯正、无病虫害、生长发育健壮的优良单株作为采种的母株。当每年10～11月间何首乌种子成熟时，外表由白色变为褐色，内部变成黑色时，需及时采收，否则种子就会自然脱落。将整个果穗轻轻地剪下晒干，搓出种子，除去杂质，采收的种子因含水量大，容易霉烂及感染病虫害，从而失去发芽能力，故必须晒干后才可装入麻袋或沙布袋，置于通风干燥处贮藏，切忌用塑料袋贮藏种子。

2. 选地

何首乌育苗对土壤选择较为严格，以土层深厚、土质疏松肥沃、水源方便、能排能灌的地块为宜。苗床地确定后，头年在杂草开花之前就把杂草除净，以免第2年杂草与何首乌幼苗争夺养分和光照，这是育苗能否成功的关键。

3. 整地

先把苗床地深翻后，暴晒15～20天，可减少土壤中的病虫害。有条件的地方用树枝和松毛堆在垡子上，放火烧一次，这可使杂草大量减少，病虫害减轻，提高土壤肥力。然后进行整地，结合施基肥。要求每平方米施优质的农家肥10 kg，施后翻挖1次，清除杂草根，整细耙平塘面。

4. 理墒

一般播种后，因春旱严重，主要靠人工灌溉，应以平墒为宜，墒宽1.5 m，四周做成土埂，埂宽30 cm，有利于保水保肥。

5. 播种

多年试验结果证实，何首乌的最佳播种节令以3月份"惊蛰"为宜。过早，温度低，不能满足种子发芽需要的温度，不但不会出苗，反而还会烂种；过迟，虽然播种后出苗快，但是最佳生长时期短，对幼苗生长不利。何首乌因种子细小，应以撒播为宜。播种量为每平方米4～6g，播种前先用工具把墒面的表土轻轻拍平，土壤空隙不能过大，入土过深就出不了苗。同时还必须选择在早晨或傍晚无风时拌细土或草木灰撒播，播种后用筛细的泥土及少量农家肥撒盖在墒面上，厚度以0.1～0.2 cm为宜，而后再撒盖一层青松毛，厚度以肉眼能见土1/5为宜。

6. 苗床地管理

（1）浇透水：何首乌种子细小，浇水时一定要用喷壶喷浇多次，不能用水直接冲灌猛浇。此后，晴天时每天上午10点或下午5点以后，轻浇水1次；20～25天左右出苗后，2～3天浇水1次。

（2）除草：何首乌播种以后杂草先出，应及时除草并酌情浇水。以后每隔10天左右除草1次。

（3）追肥：幼苗出土60天后，可用100 kg水加0.2～0.3 kg复合肥或尿素喷施，浓度要轻，次数要多，每隔10～15天喷施1次。幼苗中后期可用0.5%～1%浓度复合肥或尿素喷施，或用50 kg清水加粪水5～8 kg浇施。

（4）间苗：为培育壮苗，须把过密、弱小的苗间掉。第1次间苗在幼苗出土后30天左右进行；第2次在幼苗出土后50天左右进行；第3次间苗叫控苗，基本做到间隔3～4 cm留1株。间苗宜早不宜迟，否则会造成幼苗徒长。每次间苗后应适当浇水。

（5）防治病虫害：目前苗床地发现的虫害主要是地老虎，可人工捕杀，或用1∶2000的敌杀死喷雾进行防治。病害主要是白粉病，发病前可用1∶1∶200的波尔多液喷施预防，发病时可用2%的多菌灵500～800倍溶液喷施。

（二）扦插育苗

每年3月或11月，选择1年生粗壮老熟藤蔓，最好是10月以后割去的从根头上长出的粗壮老藤蔓，剪成带有2～3个节，长15 cm左右的插穗，每50条扎成1小扎，下端蘸黄泥浆，置阴凉处待插。在整好畦的育苗地按行距15～18 cm开横沟，沟深10 cm，将插穗靠沟壁摆下，株距1 cm左右，覆土压实，使上剪口稍露出地面，再覆盖一层稻草。注意不要倒插。扦播后要经常保持畦土湿润，遇干旱要淋水，以利插穗生根发芽。雨季则要注意排水，防止因苗床积水而导致插穗腐烂。若天气暖和，插后10～15天就可长出新芽，1个月后长出新根。约经100天的培育，苗高15 cm以上，有数条根后，便可移至大田种植。

四、种植技术

（一）选地

种植地选择山坡林缘或房前屋后，土层深厚、肥沃疏松、排水良好的地块，于冬季深翻30 cm以上，捡去草根和石块。翌年春翻犁1～2次，使土层疏松。每亩施厩肥、草木灰混合肥3000 kg作基肥。施后耙地1次，使肥料与表土混合均匀后，起畦种植，畦宽50 cm、高25 cm。亦可在房前屋后挖坑种植。

（二）定植

何首乌可以春种或夏种。春种发根快，成活率高，但须根多，产量低，质量差。夏种（5～7月）地温高，阳光充足，种后新根易于膨大，结薯快，产量高。从苗地起苗时，苗只留基部20 cm左右的基段，其余剪掉，并将不定根和薯块一起除掉，这是高产的关键。种植时，先在畦上按行株距20 cm×20 cm开种植穴，每穴种1株，种后覆土压实，淋足定根水，以保持土壤湿润。可在房前屋后挖坑种植，每坑栽苗4株。

五、田间管理

（一）水肥管理

何首乌定植后，要经常淋水，前10天每天早晚各淋1次，待成活后，视天气情况适当淋水，苗高1 m以后一般不淋水。雨季加强田间排水。

何首乌是喜肥植物，应施足基肥，并多次追肥。追肥采用前期施有机肥，中期施磷钾肥，后期不施肥的原则。当植株成活长出新根后，每亩施腐熟的人粪尿1000～1500 kg。然后视植株生长情况追肥，一般可再施2次，每次每亩施入畜粪2500 kg。苗长到1 m以上时，一般不施氮肥。9月以后，块根开始形成和生长时重施磷钾肥，施厩肥、草木灰混合肥3000 kg和过磷酸钙50～60 kg，氯化钾40～50 kg。在植株两侧或周围开沟施下。以后每年春季和秋季各施肥1次，均以有机肥为主，结合适量磷钾肥。每次追肥均结合中耕培土，清除杂草，防止土壤板结。

（二）搓篱摘枝

何首乌长至30 cm时，在畦上插竹条或小木条，交叉插成篱笆状或三角架状，将藤蔓按顺时针方向缠绕其上，松脱的地方用绳子缚住。每株留1藤，多余公藤苗除掉，到1 m以上才保留分株，以利植株下层通风透光。如果生长过于茂盛，可适当打顶，减少养分消耗，一般每年修剪5～6次，高产田修剪7次。

（三）病虫害防治

1. 叶斑病

受病叶呈黄褐色病斑，严重时叶枯萎脱落。在高温多雨季节或田间通风不良时易于发病。发病初期喷1：1：200的波尔多液，每隔7～10天喷1次，连续喷2～3次，也可以用20%硅唑·咪鲜胺1000倍液7天1次、38%恶霜嘧铜菌酯800～1000倍液10天1次等喷雾防治。

2. 根腐病

由真菌中的镰刀菌或细菌引起，受病植株根部腐烂，地上茎蔓枯萎，多在夏季发生，种植地排水不良时发病严重。发病初期，将病株拔除，用石灰粉撒在病穴上盖土踩实，可以防止蔓延；并用50%多灭灵可湿性粉剂1000倍稀释液灌根，可起到保护作用。也可用98%恶霜灵可湿性粉剂1500～2000倍液喷雾1～2次，或50%多菌灵可湿性粉剂800～1000倍液喷雾1～2次。

3. 金龟子

为鞘翅目金龟子科昆虫。以成虫为害叶片，轻者咬食成缺刻状，重者叶片被食光。可在种植前用辛硫磷颗粒剂、阿维菌素或用绿僵菌进行菌土混施，杀灭地下害虫蛴螬。对于金龟子成虫使用氯虫苯甲酰胺悬浮剂1500倍液或20%的除虫脲悬浮剂15000倍液于花前、花后树上喷药防治，喷药时间为下午4点以后，即金龟子活动为害时。

4. 蚜虫

为同翅目蚜科昆虫。在植株嫩梢、嫩叶上吮吸营养物质，使植株生长不良。可用0.3%苦参碱水剂800～1000倍液，或20%康福多浓乳剂3000～4000倍液喷雾1～2次。

六、采收加工

一般种植3年可以收获。每年秋冬季叶片脱落或春末萌芽前采收为宜。先把支架拔除，割除藤蔓，再把块根挖起，洗去泥沙，削去尖头和木质部分，按大小分级。直径15 cm以上或长15 cm以上的块根，宜切成厚3.3 cm，长、宽各5 cm的厚片，然后按大、中、小分成3类，分别摊放在烘炉内，堆厚约15 cm，用50～55℃烘烤，每隔7～8小时翻动1次，待有七成干时取出，在室内堆放回润24小时，使内部水分向外渗透，再入炉内烘至充分干燥。每亩可产干货400～500 kg，高产可达600 kg。

黄栀子栽培管理生产技术

郑平汉

黄栀子，别名山栀子、黄果树、红枝子，属茜草科常绿灌木植物，以果实和根入药。用于热病高热、实火牙痛、口舌生疮、鼻衄、吐血等，外敷可治扭伤瘀肿。黄栀子产于湖北、湖南、江西、福建、浙江、四川等地，以湖南产量最高，浙江品质为佳。为我国传统中药材，是生产"安宫牛黄丸""龙胆泻肝丸""清热解毒颗粒"等几十种中成药的重要原料；还是提取食用色素添加剂"黄色素"的天然优质材料，其色素色泽鲜艳，无毒副作用，且营养物质含量高。《神农本草经》《本草纲目》将其列为中品。黄栀子在国内外市场销量大，发展前景十分广阔；适应性强，易栽易管；加工贮藏方便，经济效益高，一般造林3～5年后，每亩鲜果产量可达250～350 kg，集约经营的可达600 kg以上。

一、历史故事

相传，一位村民以樵耕为生，一天，他上山砍柴，在返回家的途中不慎摔下山谷，腿部严重受伤，因没有钱看病抓药，他的母亲向人们打听青草良药，在一位好心人的提示下，她翻山越岭，终于在深山中找到了野生黄栀子并带回，将栀子捣碎，加入面粉、蛋清、酒，调匀后敷在儿子的伤口上。几天后，这位村民便可以下床走动。民间青草药师善于积累经验，后来还以栀子干、栀子根配成药，为村民解决治病的问题。

二、形态特征

灌木，高0.3～3 m；嫩枝常被短毛，枝圆柱形，灰色。叶对生，革质，稀为纸质，少为3枚轮生；叶形多样，通常为长圆状披针形、倒卵状长圆形、倒卵形或椭圆形，长3～25 cm，宽1.5～8 cm，顶端渐尖、骤然长渐尖或短尖而钝，基部楔形或短尖，两面常无毛，上面亮绿色，下面色较暗；侧脉8～15对，在下面凸起，在上面平；叶柄长0.2～1 cm；托叶膜质。花芳香，通常单朵生于枝顶，花梗长3～5 mm；萼管倒圆锥形或卵形，长8～25 mm，有纵棱，萼檐管形，膨大，顶部5～8裂，通常6裂，裂片披针形或线状披针形，长10～30 mm，宽1～4 mm，结果时增长，宿存；花冠白色或乳黄色，高脚碟状，喉部有疏柔毛，冠管狭圆筒形，长3～5 cm，宽4～6 mm，顶部5至8裂，通常6裂，裂片广展，倒卵形或倒卵状长圆形，长1.5～4 cm，宽0.6～2.8 cm；花丝极短，花药线形，长1.5～2.2 cm，伸出；花柱粗厚，长约4.5厘米，柱头纺锤形，伸出，长1～1.5 cm，宽3～7 mm，子房直径约3 mm，黄色，平滑。果卵形、近球形、椭圆形或长圆形，黄色或橙红色，长1.5～7 cm，直径1.2～2 cm，有翅状纵棱5～9条，顶部的宿存萼片长约4 cm，宽约6 mm；种子多数，扁，近圆形而稍有棱角，长约3.5 mm，宽约3 mm。花期3～7月，果期5月至翌年2月。

三、生长习性

喜温暖、湿润的气候，又耐寒，较耐旱，耐肥，耐修剪，喜光照，适生于肥沃、湿润、排水良好的酸性土壤，忌积水及盐碱地。定植后2～3年结果，6～7年进入盛果期，挂果年限一般为25年左右。

生于海拔10～1500 m间的旷野、丘陵、山谷、山坡、溪边的灌丛或林中。

四、栽培技术

（一）选地与整地

规范化种植生产基地，应满足2个方面的要求。

1. 质量要求

择地前要对基地的环境质量进行评价，基地以及周边环境发生变化时应及时监测。要求生产基地距公路50～100 m以外，周围300 m以内无工厂、医院、金属开矿区等直接或间接污染，灌溉用水无污染。

2. 立地条件要求

选择土层深厚（50 cm以上）、质地疏松、土壤肥沃、排灌方便的阳坡或半阳坡山地，避免在有黏土、重黏土和积水的立地栽种。

造林前，全面清除园内杂草、灌木、树桩等物。园地平坡、缓坡、较平坦地采取全垦整地；坡度20°以上的山地，采用水平带或大块状整地，并可考虑保留一定面积的草带，以利保持水土。园土垦深25～30 cm，按预定栽植株数挖穴，规格为40 cm×40 cm×30 cm。植前，穴施钙镁磷肥0.5～1 kg，或复合肥0.5 kg；也可穴施30～50 kg腐熟的农家厩肥与土混拌作基肥。

（二）品种选择及育苗

栀子分大小两个栽培类型，主要是果实大小不同。一般大果栀子的果比小果栀子的果大1/3～2/3左右，大果栀子果大肉厚、产量高，栽培时应选大果为好。栀子的品种较多，目前淳安栽培的品种主要有赣湘1号、丰栀1号、湘栀子18号、秀峰1号和早红98号等品种。

栀子苗木的培育，生产上一般以播种育苗为主，也可采取扦插育苗。

1.播种育苗

（1）种子采集及处理：选择处于结果盛期的主栽品种，在树冠宽阔丰满呈圆头形、枝条多呈簇状、结果多、果体大的母树上采种。10月上旬，栀果陆续成熟，先将母树上的小果、病虫果摘除，待栀果充分成熟时，采集果大、肉质厚、橙黄色或深红的鲜果作种子。采集后的处理方法有：一是将鲜果连壳晒至半干留作种。播前剥开果皮，取出种子，浸泡在清水中24小时，揉搓后去掉漂浮在水面的杂物及瘪粒，将沉于水底饱满的种子捞出滤干水，以备进行种子消毒、催芽和播种；二是鲜果采回后及时剥开果皮把种子取出，清除杂物，将种子放入清水中浸泡2～3小时后揉搓，除去漂浮在水面的杂物和瘪籽，将沉于水底饱满的种子捞出，晾干后干藏，以备播种。

（2）圃地整地：选择土层深厚、土质疏松、水肥条件较好、排灌方便的地块作圃地。一般新圃地采取三犁三耙，老圃地二犁二耙，深翻土壤20～30 cm，在最后一次犁前将腐熟的厩肥每亩500～1000 kg，过磷酸钙10～15 kg，均匀撒在圃地，进行犁、耙，使肥料均匀分布到土层中。最后做成高20～25 cm、宽1.0～1.2 m的苗床，开好排水沟。

播种前7天，可用2%的硫酸亚铁，或0.5%的福尔马林，或3%的生石灰水溶液进行土壤消毒，预防圃地病虫害的发生。

（3）播种时间和方法：2月下旬至3月中下旬春播育苗最佳，当年生苗木可出圃。也可在9～11月初的秋季前后播种。播种前，要对种子进行消毒和催芽。方法为：将精选种子放入浓度0.5%～1%的硫酸铜液中浸3～4小时，也可将种子放入0.5%的高锰酸钾液中浸种2小时后，捞出种子，用清水冲洗2次，滤干水，再将种子放入30～35℃温水中24小时后，取出种子滤干水即可播种。播种方法有2种：

①撒播。在细致整好地的苗床上将苗床土压平，用经过细筛的黄心土均匀撒在苗床表层，厚1.5～2.0 cm，每亩用量1500 kg，然后将经过消毒和催芽的种子用细土灰拌匀撒播在黄心土上，每亩播种量2～3 kg，再盖一层薄土，以不见种子为度，最后用稻草薄薄地、均匀地覆盖苗床。晴天要及时对圃地浇水或灌水，保持苗床湿润。约经30～40天即可出苗。待苗木出齐后，选择阴天或傍晚揭去覆盖物。

②条播。在细致整好的畦上，按行距20～25 cm，开沟深

3～5 cm，用细土灰拌种均匀撒入沟内。每亩播种量2～3 kg。播种后，覆盖过筛的黄心细土，以不见种子为度，再盖上一层薄稻草，其余工作与撒播相同。

（4）苗期管理：

①水分管理。抓3个关键期：一是种子萌芽期或出苗期，这个时期的苗床土应是不旱、不涝，保持湿润。二是苗木生长初期（5～6月），进入梅雨季节后，要及时疏通排水沟，防止苗床积水。三是苗木速生期（7～9月），当天气久晴不雨时，要及时浇水或灌水，确保苗木速生的需要。

②肥料管理。圃地施肥应结合松土除草和间苗进行。苗木生长初期（5～6月），生长缓慢，对养分需求量不大，可每隔10～15天施1次3%腐熟的人粪尿。7～9月，苗木生长快，要及时追肥，一般追氮肥2～3次。前期，每隔15～20天施5%腐熟的人粪尿或0.2%～0.3%的复合肥或尿素。8月后，每亩施用复合化肥5～8 kg。9月下旬苗木进入生长后期，停止追施氮肥，补充追施磷、钾肥2次。一般每隔10～15天喷0.3%～0.5%的磷酸二氢钾溶液1次，促进苗木粗生长和木质化，增强苗木抗寒和越冬能力。

③除草间苗管理。在出苗2～3天后要拔草1次，之后每隔10～15天在苗床行间松土除草，苗间小草用手拔除，并结合间苗1次。以后根据生长和密度情况，可分2～3次进行间苗，使苗木均匀分布，每亩产苗量控制在3万株左右。至春节前后，栀苗可出圃造林。

2. 扦插育苗

春季2月下旬至3月上旬和秋季10月至11月上旬均可进行扦插

育苗。但以春季扦插育苗为好，当年即可出圃。扦插前应对圃地进行细致整地，施足基肥，使土壤疏松，水分充足。插条应选优质高产、无病虫、生长健壮、结果盛期的母树，采集1～2年生、粗0.6～1.0 cm的枝条，去除梢部未木质化部分，截成15～20 cm长，上端平、下端斜的小段，保留2～3个节位的叶片，按30～50支捆成把。为促进插条生根，用GGR6号（俗称ABT6号）溶液（每克GGR6号加水2 kg）浸泡插条基部10秒钟后，取出插条。扦插时，先按株行距10 cm×15 cm，用小木棒打引孔，将插条斜插入孔内，深度为插条长度的1/2或1/3，用土压紧，让插条与土壤密接。晴天扦插，随后要浇、灌透水，以后保持苗床湿润。扦插后经60～70天发芽生根，只要及时除草，加强苗田肥水管理和病虫防治，一般当年可出圃造林。

（三）种植技术

秋冬10～11月和次年2～3月是栀子的最佳栽植季节。

1. 苗木选择

大面积营造栀子，应选用主推栽培品种培育出来的1年生苗。一般要求苗高40～45 cm以上，地径0.4～0.6 cm以上，且木质化程度高、主根短而粗、侧须根发达、苗干通直、无病虫和生长健壮的优质苗造林。

2. 栽植方法

栽植最好选阴雨天。植前，将幼苗适当修剪枝叶，以减少苗木水分消耗，并用磷肥和黄泥浆蘸根。造林密度一般为行距1.5～2.0 m，株距1.0～1.5 m。植苗前，先把穴整理好，深浅大小依苗根长短而定。栽植时，苗木栽植深度比原土痕深2～3 cm，做到将苗扶正，根系舒展，使苗木根系与土密接。若是晴天栽植，要浇足定根水，再盖一层薄松土，以利提高造林成活率。

（四）田间管理

1. 补植和中耕

种植当年，应对死苗穴进行补植，确保栀园定植株数。1～3年的幼林，每年除草松土抚育2次。第1次在4～6月，第2次在8～9月，结合施肥进行。松土时，注意近蔸浅，远蔸深。冠内深10～12 cm，冠外深15 cm以上。也可在栀园初果前套种花生、豆类等矮秆农作物，既能增加栀园短期收入，又可达到抚育幼树的目的。栀园进入结果期后，每年进行1～2次松土除草。

2. 肥料管理

（1）幼树肥管：每年冬季或次年2月前，每亩施复合化肥20～25 kg。也可每亩施腐熟的农家厩肥或腐熟的堆肥1000～1500 kg。在春、夏季每株施复合肥10～15 g，为幼树多发新枝，促进幼树形成合理树体结构提供营养条件。

（2）结果树肥管：每年3月底至4月采取穴施，每株施尿素或碳酸铵15 g，或每亩施充分腐熟的人畜粪水1200 kg，促进发枝和孕蕾。5～6月，栀子开花期，用0.15%硼砂加0.2%磷酸二氢钾喷叶面。选阴天或傍晚进行，以利栀树充分吸收，提高植株开花和结果率。6～10月为栀果膨大发育期，7～9月为栀子枝条抽生旺盛期，应在6月下旬和8月上中旬，每株施用0.25 kg氮、磷、钾复合化肥各1次，促果实发育和花芽分化。采果后，每亩施腐熟的农家厩肥2000 kg，加入硼磷肥（钙镁磷肥加0.5%硼砂）每亩100 kg，促进恢复树势，增强越冬抗寒能力。

3. 水分管理

在幼树生长期，若夏伏天遇长期干旱，园土又十分干燥，至少要浇灌水2～3次，确保幼树对水分的生理需求。结果树在花前、花后、果实发育期，除结合施肥外，在伏旱严重时，要注意灌足1～2次水，以确保栀果优质高产。

4. 整形与修剪

（1）幼树整形：幼树整形应在10～11月（秋冬造林）或者次年2～3月（春季造林）造林成活后，在幼树离地20～25 cm处剪截定主干。至夏梢抽发，每株选3～4个粗壮肥大枝作主枝，注意尽量使其分布均匀。第2年，夏梢抽发，每个主枝上再培养3～4个副主枝，使枝条分布均匀，逐步将树冠培育成圆头状。造林定植2年内，为促进幼树生长和培养树冠，对主干、主枝应抹芽除蘖，剪除下部萌蘖和摘除花芽。第3年可适当留果。栀子在秋季仍有开花，但后期花不能形成成熟果实，在9～10月应摘除花蕾。为方便采收，树高应控制在1.5～1.6 m。

（2）结果树修剪：对结果树应以疏为主，宜在冬季或次年春季发芽前20天进行。修剪时，先抹去根颈部和主干、主枝以上的萌芽，后疏去冠内枯枝、病虫、交叉、重叠、密生、下垂、衰老与徒长等枝，使冠内枝条分布均匀，内疏外密，以利通风透光，减少病虫害，提高结果率。

（五）病虫害防治

栀子生长期若管理得当，病虫发生极少。如发现病虫时，应以生物防治为主，化学防治为辅。化学防治应选用低毒、低残留的农药，且在采果前30天不施农药。现介绍几种主要病虫害的防治方法：

1. 褐纹斑病

为害叶和果。发病严重植株，叶片失绿、变黄或褐色，导致叶片脱落，引起早期落果，严重影响产量。防治方法：一是加强修剪，烧毁病株、病叶，防止病害蔓延与传播；二是5月下旬和8月上旬发病前，用1：1：100的波尔多液或50%甲基托布津1000～1500倍液每隔10天喷1次，连喷2～3次，或苯醚甲环唑10%可湿性粉剂1000～1500倍液喷雾。

2. 栀子卷叶螟

幼虫为春害夏、秋梢。如遇虫口密度高峰期，为害后使翌年花芽萌发减少，产量显著下降。虫害发生时，用杀虫螟杆菌（每克含活孢子100亿个以上）100倍液喷雾，或用0.3%苦参碱水剂800～1000倍液喷雾。

3. 栀子尖虫蛾

幼虫为害根皮造成腐烂，严重时全株死亡。虫害发生时，可用50%辛硫磷乳剂每100 mL药液兑水50 L灌穴，每穴灌0.5 kg，或用氯虫苯甲酰胺20%悬浮剂1000～2000倍液喷雾。

4. 咖啡透翅蛾

幼虫食害叶片、花蕾。防治方法：一是冬季垦复栀园1次，使蛹暴露表土，被天敌所食或人工捕杀。二是用阿维菌素500～800倍液、杀虫螟杆菌（每克含活孢子100亿个以上）100倍液生物农药喷雾。也可用90%敌百虫1000倍液喷洒。

5. 介壳虫、蚜虫

该虫为害枝梢、叶片及主干。虫害发生时，用1.5%苦参碱可溶液剂800～1000倍液喷洒。

五、栀子采收与加工

（一）栀子采收

栀果中所含的黄色素是在树上生长发育过程中形成的，采收后几乎不会因后熟而有所增加。因此，栀子采收时间不宜过早。否则，果未全熟，不仅果小，果肉不饱满，影响产量，而且果内黄色素含量低。栀子迟摘，果过熟，干燥困难，加工后容易霉烂变色，降低利用价值与价格，也不利于树体养分积累和树体安全越冬。一般栀果采收时间在10月上中旬至11月，要成熟一批摘一批，以果皮由青转红呈红黄色时采收最好。采果宜选晴天露水干后或午后进行。

（二）栀子加工

栀子采收后分批进行加工，方法是：将除去果柄和杂物的鲜果倒入自制蒸汽锅炉上熏蒸3分钟后，将栀果放置在干净的晒场上曝晒2～3天，晒至六至七成干后，堆放阴凉通风处3天左右，待其内部水分散发，再放到太阳下晒干。鲜果也可采取烘干处理，在干燥过程中，注意轻轻翻动，勿损果皮，防止外干内湿或烘焦。无论是晒或烘处理鲜果后，均应使果肉坚硬干燥。

（三）质量标准

加工好的有机黄栀子干果，产品外观形态呈椭圆形或卵圆形，长径比为3.5∶1.5。果实表面呈红色或红黄色，具有6条翅状纵棱，棱间常有1条明显的纵脉状纹，并有分枝；果实外形完整、无残缺、无病虫、无机械损伤和无霉变。加工后有机黄栀子干果的标准是：水分小于或等于12%；铅含量每公斤小于或等于0.069 mg；砷含量每公斤小于或等于0.39 mg；农药残留量为0；青果率小于或等于2%；粒度大于或等于85%（规格为13～18 mm）；栀子苷含量不低于1.8%。

（四）包装、标志、运输和储存

有机黄栀子果在包装前应清除劣质品及异物，用食用无毒的有塑料薄膜内胆的编织袋包装，封口附合格证。在每件包装袋外，标明产品名称、规格、净含量、产地、批号、生产与包装日期、生产单位，并附有质量合格的标志和贮藏指南。运输栀子成品过程中，应轻装、轻卸、防雨淋、防破裂；产品运输工具或容器应清洁、无污染、有较好的通气性，保持干燥；不得与其他有毒、有害物质混装。

栀子成品如不马上出售，应放置在常温、干燥、密封、清洁、无污染的仓库内，不得与潮湿地面直接接触，也不得与腐蚀品、有毒品混堆，码放不宜过高。符合以上条件，储存期为1年。

车前草栽培管理生产技术

陈颖君　郑平汉

车前草别称车茶草、平车前等，为车前科车前属多年生草本植物，生于海拔1800 m以下的草地、河滩、沟边、草甸、田间及路旁，我国大部分地区均有分布，幼株可食用，具有利尿、清热、明目、祛痰的功效。

一、基本情况

中药车前子最早记载于《神农本草经》，列为上品，是常用中药。《名医别录》中记载：车前子，味咸，无毒。主男子伤中，女子淋沥，不欲食，养肺，强阴，益精，令人有子，明目，治赤痛。叶及根，味甘，寒。主治金疮，止血，衄鼻，瘀血，血瘕，下血，小便赤，止烦，下气，除小虫。一名苤苢，一名蝦蟇衣，一名牛遗，一名胜舄。生真定丘陵阪道中，五月五日采，阴干。

《本草图经》中记载：车前子……其叶今医家生研水解饮之，治衄血甚善。

《药性论》中记载：车前子……叶主泄精病，治尿血，能补五脏，明目，利小便，通五淋。

《本草正》中记载：车前子……根叶，生捣汁饮，治一切尿血，衄血，热痢；尤逐气癃，利水。

相传西汉时期有一位将军名为马武，一次被敌人围困于一荒无人烟处。时值暑月，粮草将尽，又无水源。结果士兵和战马均腹胀如鼓，尿痛血红，点滴艰涩。一日马夫突然发现战马没有尿血，观察发现马总是嚼食一种牛耳形的植物。他猜想此草能治病，就拔下该草煎煮服用，果然身体痊愈了。马夫禀报给将军，将军询问此草哪里有，马夫用手指道："车前就有。"于是将军让士兵和战马食用，几天后均被治好了。从此马武将军就称这种植物为车前草。

淳安产车前历史悠久，清顺治年间《修淳安县志》中就有车前子的记载，此后的淳安县志都予以记载。

二、形态特征

直根长，具多数细长之侧根。根茎短。叶基生呈莲座状，平卧、斜展或直立；叶片纸质，椭圆形、椭圆状披针形或卵状披针形，长3～12 cm，宽1～3.5 cm，先端急尖或微钝，边缘具浅波状钝齿、不规则锯齿或牙齿，基部宽楔形至狭楔形，下延至叶柄，脉5～7条，上面略凹陷，于背面明显隆起，两面疏生白色短柔毛；叶柄长2～6 cm，基部扩大成鞘状。

花序3～10余个；花序梗长5～18 cm，有纵条纹，疏生白色短柔毛；穗状花序细圆柱状，上部密集，基部常间断，长6～12 cm；苞片三角状卵形，长2～3.5 mm，内凹，无毛，龙骨突宽厚，宽于两侧片，不延至或延至顶端。花萼长2～2.5 mm，无毛，龙骨突宽厚，不延至顶端，前对萼片狭倒卵状椭圆形至宽椭圆形，后对萼片倒卵状椭圆形至宽椭圆形。花冠白色，无毛，冠筒等长或略长于萼片，裂片极小，椭圆形或卵形，长0.5～1 mm，于花后反折。雄蕊着生于冠筒内面近顶端，同花柱明显外伸，花药卵状椭圆形或宽椭圆形，长0.6～1.1 mm，先端具宽三角状小凸起，新鲜时白色或绿白色，干后变淡褐色。胚珠5。

蒴果卵状椭圆形至圆锥状卵形，长4～5 mm，于基部上方周裂。种子4～5，椭圆形，腹面平坦，长1.2～1.8 mm，黄褐色至黑色；子叶背腹向排列。花期5～7月，果期7～9月。

三、生长环境

（一）车前草对环境条件的要求

1. 温度

车前草喜温凉较耐寒，但不耐高温。在10～25℃条件下能正常抽穗、开花、结实。茎叶在5～28℃范围内能正常生长，28～32℃植株停止生长并逐渐枯萎死亡。种子在20～24℃发芽较快，32℃以上不能发芽。

2. 水分

车前草苗期喜欢湿润环境，耐涝耐旱。但进入抽穗期不耐涝，受淹后花穗容易枯死。

3. 光照

车前草对光照要求不太严格，喜光又耐阴。光照充足，叶厚脉粗，生长快，植株粗壮；光照少，叶片较薄，植株柔嫩。

（二）土壤条件

对土壤要求不严，怕涝、怕旱，适宜于肥沃的沙质壤土种植，易生易长，管理粗放，极易成活。同时具有一定的耐践踏性，但践踏之后要很快给予一定的恢复期。生于山野、路旁、花圃或菜园、河边湿地、路边、沟旁、田边潮湿处。

四、主要价值和发展前景

（一）营养价值

车前草每100 g嫩叶中含碳水化合物10 g、蛋白质4 g、脂肪1 g、粗纤维3.3 g、钙309 mg、磷175 mg、维生素$B_1$0.09 mg、维生素$B_2$0.25 mg、铁25.3 mg、胡萝卜素5.85 mg、维生素C 23 mg及其他矿物质和维生素等。

（二）药用价值

植株全草和种子均可入药，味甘性寒，具有清热解毒、利水通淋、排尿酸、清肝明目、消炎止咳等功效，用于治疗小便不利、水肿、尿路感染、暑热泄泻、痰多咳嗽、轻度痛风、热毒痈肿等症状。

（三）发展前景

随着人们生活水平的不断提高和对健康的日益重视，利用中草药进行医疗和保健越来越受到青睐。而且车前草所具有的抗肿瘤活性广且毒副作用小的特点，使其应用前景更为广阔。

五、栽培技术

（一）播种季节

车前草一年四季均可播种栽培，低海拔地区以秋、冬、春季播种为宜，高海拔山区以春、夏、秋季播种为宜。

（二）栽培方式

车前草的栽培方式有直播栽培和育苗移栽2种。

1. 直播栽培

在播种前进行整地施肥，每亩施腐熟的农家肥2000 kg，翻耕耙平，按1.5 m开沟做畦，畦面宽120 cm，沟间走道30 cm，沟深15～20 cm。每亩播种量300 g，为撒播均匀，种子可掺入20倍量的过筛细土和细沙，混匀后再播。在畦面按行距25 cm开播种沟，种子撒入沟内，播后覆1 cm厚的细土。土壤墒情好的第2天稍压实覆土，墒情不好的覆土后及时浇水，以保持土壤湿润。幼苗2～3叶期间苗，株距10 cm左右，4～5叶期定苗，株距20～25 cm。结合间苗和定苗进行除草。

2. 育苗移栽

（1）育苗：

①苗床地的选择与播种。大车前草对土壤要求不严，在各种土壤中均能生长。以选择背风向阳，土质肥沃、疏松、微酸性的沙壤土作苗床为好。一般每种植1亩地需整理苗床30m²，播种前每平方米苗床施腐熟的优质细碎农家肥10 kg，氮、磷、钾复合肥（15-15-15）100 g作基肥，耕翻耙细整平，做成畦面宽100 cm，高15 cm，沟间走道35 cm的苗床。每亩用种量60 g（即按每亩大

田需苗床地30 m²计算，每平方米苗床播种2 g）。由于大车前草种子细小，播种前可将种子拌入6～10 kg细沙和草灰，充分拌匀后，均匀撒播在畦面，播种后覆盖0.5～1.0 cm厚的过筛细土和草灰，以不见种子露出土面为适度。

②苗床管理。播种覆土后，立即喷水，盖上稻草和薄膜，保持湿润，以利于发芽。每天傍晚揭膜喷水1次，保持床土湿润，6～7天即可出苗，出苗后立即揭除稻草和薄膜，以增加光照，防止长成高脚苗。车前草种子细小，出苗后生长缓慢，易被杂草抑制，因此幼苗期应及时除草，一般苗期进行2～3次除草，待苗长出4～5片叶时即可移栽。

（2）大田栽植：

①选地、整地、施肥。选择地势平坦，排灌方便，土质疏松的沙壤土作为栽植田产量较高。每亩施腐熟的农家肥1500～2000 kg、25%复合肥（13-5-7）40 kg作基肥，耕翻耙细整平做畦，畦面宽120 cm，高15～20 cm，沟间30 cm，便于排灌。

②移栽。在畦面开沟移栽，每畦种植4行，行距30 cm，穴距25 cm，每穴栽1株，定植后立即浇定根水，连浇2～3次，促进活棵。

（三）田间管理

1. 适时追肥

车前草比较喜肥，肥料充足时，车前草叶片多、抽穗多，而且穗长、籽粒多、产量高。所以适时追肥是获得车前草高产的关键。整个生育期要进行3次追肥，早期追肥以氮肥为主，中后期除施氮肥外，要增施磷钾肥。第1次在栽植活棵后10天左右，每亩用腐熟的沼液500 kg兑水1500 kg，或腐熟的清粪水2000 kg淋施。第2次在收割第一批果穗之后进行除草，然后追肥，每亩用草木灰250～300 kg，腐熟的沼液750 kg兑2倍的水，或腐熟的清粪水2000 kg浇施。第3次在收割第二批果穗之后进行除草，然后追肥，用肥量和肥料种类与第2次追肥相同。每次追肥后均要中耕、松土，促进植株生长健壮，增强抗病性。

2. 病虫害防治

（1）白粉病：

病害症状：叶的表面或背面出现一层灰白色粉末，最后叶枯死亡。防治方法：发病初期用50%甲基托布津1000倍液喷雾防治。

（2）褐斑病：

病害症状：发病叶片病斑圆形，直径3～6 mm，褐色，中心部分灰褐色至灰色，其上生黑色小点，即病原菌的分生孢子器，分生孢子不仅侵染叶片，而且侵染花序和花轴，受害花序和花轴变成黑色，枯死折断，严重时病叶上病斑连成大片或成片枯死。防治方法：种子消毒，播种前用70%甲基托布津，或50%多菌灵粉剂掺细沙拌土播种。收割后清除病残体进行堆沤腐熟，田埂杂草铲除，并用石灰消毒。用无病土育苗，苗床施足基肥（猪牛栏粪或菜籽饼）和追肥（氮、磷、钾适量），促进幼苗生长健壮，增强其抗病性。开沟排水，降低田间湿度。药剂防治，苗木喷药，每出3片叶喷药1次，移植前喷药1次，3月中旬喷药1次，初穗期和有穗期各喷药1次，药剂以50%多菌灵胶悬剂50 mL加水40 kg喷施。

（3）白绢病：

病害症状：为害车前子根部，发病初期无明显症状。车前子苗由于根部菌遭受为害，形成"乱麻状"，是低温多湿造成；形成"烂薯状"，是高温或高湿造成。此菌侵染土壤和肥料，并以菌丝蔓延或菌核随水流传播，进行再侵染，4月中旬至下旬为发病期，高温多雨易流行。防治方法：水旱轮作；雨季及时排水，降低田间湿度；及时挖除病株及周围病土，用石灰消毒；用50%多菌灵或50%甲基托布津500倍液浇灌病区；病株集中烧毁。

六、采收利用

车前草按不同用途，采收时间不同。

（一）作蔬菜食用

车前草幼苗和嫩茎可供食用。在播种后35～40天，株高15～20 cm，叶色黑绿，叶芽幼嫩，还没抽生花茎时即可采收。采收时可连根拔起，也可从根茎处割下，用清水洗净后即可加工食用或捆把上市销售。食用方法包括：凉拌（须用沸水氽烫）、泡酸菜、炒、炖等。

（二）药用

车前草是多年生草本植物，叶片丛生，夏秋季从叶丛中抽出几条花茎，茎上有许多淡绿色小花，花后结果。车前草抽穗期较长，须进行分批多次采收，成熟一批采收一批，穗茎籽粒呈深褐色时即可采收。车前草种子、全草均可入药。以种子入药，果穗成熟时，割取果穗，晒干后搓出种子，簸净杂质即可。以全草入药，在秋季采收全草，采收时挖起全株，洗净泥沙，除去枯叶，晒干即可。晒干后在干燥处贮藏。

（1）种子收获：车前草果穗下部果实外壳初呈淡褐色、中部果实外壳初呈黄色、上部果实已收花时，即可收获。车前草抽穗期较长，先抽穗的早成熟，所以要分批采收，每隔3～5天割穗1次，半个月内将穗割完。宜在早上或阴天收获，以防裂果落粒。用刀将成熟的果穗剪下，在晒场晒穗裂果、脱果。晒干后搓出种子，簸净杂质。种子晒干后在干燥处贮藏。

（2）全草收获。车前草幼苗长至6～7片叶时可采收作为菜用。车前草在旺长后期，穗已经抽出与叶片等长且未开花，此时药效最高，可进行全草收割。把全草连根拔起，洗净泥沙和污物晒2～3天，待根颈部干燥后收回室内自然回软2～3天，可成商品出售。

七、车前草种植的注意事项

1. 生长温度

要想种植的车前草长得好，那么就要注意车前草生长的温度，最适合车前草生长的温度是15～25℃，在这个温度下它可以正常地生长，超过30℃生长缓慢，超过32℃生长停止，持续高温有可能失水枯死，而15℃以下的生长缓慢。因此，我们应该通过物理措施调节温度，促使车前草更好地生长。

2. 播种方法

播种方式有2种，第一是直接播种，第二是育苗移栽。不管是哪种方式，在播种时最关键的就是种植的密度，种植的密度一定要科学合理，不然它也长得不好，一般来说，适宜的播种密度是每株相隔15～20 cm，这个密度车前草可以正常地进行光合作用和呼吸作用，也可以更好地吸收养分。

3. 施肥方法

野生的车前草一般也是生活在比较肥沃的地区，可以说土壤越肥沃它的长势越旺，在播种的时候我们就要撒好充足的基肥，其次就是后期的追肥管理，首先在每年的5月左右需要进行一次施肥，一般就是粪便加水进行浇肥。等到车前草长了一段时间之后，看情况进行第2次施肥，此次施肥一般为磷肥、钾肥和硼肥，也就是在第1次施肥后的2个月左右进行。最后一次施肥是车前草长得差不多的时候即采收前1个月，所施的肥料和第2次的差不多，但还可以加点草木灰。

4. 除草方法

在车前草的整个生长期间一共需要进行3次除草，基本上除草的时间与施肥的时间是同时的，一般是在除草之后就进行施肥，这样可以减少肥力的损失。每次除草的目的都是为了调节土壤的温度和湿度，这样可以使车前草的生长环境达到一个平衡，同时还可以增强车前草自身的抗性。

5. 病虫防治

车前草的生长能力极强，一般很少会有病害，就算偶尔有些病害稍微处理一下就好了。车前草身上最常出现的病害就是白粉病和蚜虫，对于这2种病害我们生活中很多的农作物也都会有，所以防治措施可借鉴其他作物的方法。

铁皮石斛栽培管理生产技术

姜爱明

铁皮石斛（*dendrobium nobile Lindl*），系兰科石斛属的多年生草本植物，是传统名贵中药材，自古被称为"滋阴圣品"，道家养生经典《道藏》将它誉为"中国九大仙草"之首，民间有"救命仙草"之称。又名仙斛兰韵、不死草、还魂草、紫紫仙株、吊兰、林兰、禁生、金钗花等。药用植物，性微寒，味甘淡微咸，归胃、肾，肺经。益胃生津，滋阴清热，用于阴伤津亏，口干烦渴，食少干呕，病后虚热，目暗不明等症。

一、形态学特征

茎直立，肉质状肥厚，呈稍扁的圆柱形，长10～60 cm，粗达1.3 cm，上部多少回折状弯曲，基部明显收狭，不分枝，具多节，节有时稍肿大；节间多少呈倒圆锥形，长2～4 cm，干后金黄色。叶革质，长圆形，长6～11 cm，宽1～3 cm，先端钝并且不等侧2裂，基部具抱茎的鞘。

总状花序从具叶或落了叶的老茎中部以上部分发出，长2～4 cm，具1～4朵花；花序柄长5～15 mm，基部被数枚筒状鞘；花苞片膜质，卵状披针形，长6～13 mm，先端渐尖；花梗和子房淡紫色，长3～6 mm；花大，白色带淡紫色先端，有时全体淡紫红色或除唇盘上具1个紫红色斑块外，其余均为白色；中萼片长圆形，长2.5～3.5 cm，宽1～1.4 cm，先端钝，具5条脉；侧萼片相似于中萼片，先端锐尖，基部歪斜，具5条脉；萼囊圆锥形，长6 mm；花瓣多少斜宽卵形，长2.5～3.5 cm，宽1.8～2.5 cm，先端钝，基部具短爪，全缘，具3条主脉和许多支脉；唇瓣宽卵形，长2.5～3.5 cm，宽2.2～3.2 cm，先端钝，基部两侧具紫红色条纹并且收狭为短爪，中部以下两侧围抱蕊柱，边缘具短的睫毛，两面密布短绒毛，唇盘中央具1个紫红色大斑块；蕊柱绿色，长5 mm，基部稍扩大，具绿色的蕊柱足；药帽紫红色，圆锥形，密布细乳突，前端边缘具不整齐的尖齿。花期4～5月。

特征要点：茎直立，圆柱形，粗壮，具多节；叶2列，纸质，厚实，矩圆状披针状或椭圆形，短宽，先端钝并且多数钩转，叶片正面深绿色，叶片背面灰绿色并有紫色斑点；基部下延为抱茎鞘，叶鞘常为紫色或具紫斑，老叶上缘与茎松离而张开，并且与节间留下1个环状铁青色的间隙。

二、生长环境

铁皮石斛多分布于海拔近千米的山地半阴湿岩石上，一般均能耐-5℃的低温。出现叶片掉落枯死，与寒潮带来的-2℃低温有关，也与煤气、通风不良、湿度过大、昼夜温差太大等因素有关。只要其茎干和根茎未枯死，可望春暖后重新萌发，但应控制浇水，防止出现烂根。花期多在春季。它的花形与卡特兰有些相似，主要作盆花栽培。它夏季不喜欢太高的温度，在炎热的夏季往往停止生长，应放在通风良好的场所。生长充实的假鳞茎，需在秋末冬初时节给予2～3周的适当低温，只有经过这一低温过程的刺激（约5℃左右），方可促成花芽的分化。若温度不够低或低温时间不够长，未能满足其对低温的要求，会影响到花芽的分化，导致其花芽较少或开花不整齐。

花芽长出后，应保持白天20～25℃、夜间15℃左右的棚室温度，不可过高或过低，否则易引起花蕾脱落。它要求光照充足，春、夏、秋三季，遮光量控制在30%～50%之间，光照充足才能形成大量的花芽。浇水宜用微酸性至中性水，忌水中含有太多的钙、镁等矿物质。春、夏和初秋要求充足的水分供应，中秋以后逐渐进入休眠状态，浇水量要随之减少，直至完全停止浇水。可于叶片尚未变黄开始减少浇水，随着叶片的发黄脱落进一步减少，到叶落尽时停水。在华北地区，停水后需保持室内较高的空气湿度，以免假鳞茎干缩，如果室内过分干燥，可每隔1～2周向盆内浇水1次。要求有流动而新鲜的空气，怕闷热。棚室加温建议用电热线或电热取暖器，可避免煤气中毒，还应增加通风和光照。

三、主要用途

铁皮石斛是常用传统中药，应用历史悠久。在《神农本草经》中列为上品。具有滋阴清热，生津益胃，润肺止咳，润喉明目，延年益寿等功效。中药石斛种类繁多，基源复杂。其中铁皮石斛为名贵品种之一。本草："霍山石斛，干之而不槁，口嚼之且无渣滓，味浓而富脂膏，益胃益液，却无清凉碍脾之虑，确为无上妙品。"铁皮石斛是中国药典收载的品种，具有很强的药理作用：

（1）生津作用：铁皮石斛具有生津作用，主要表现为促进腺体分泌和脏器运动。

（2）降血糖作用：铁皮石斛可降低链脲霉素诱发的糖尿病的血糖值。

（3）增强机体免疫力：铁皮石斛颗粒（TPSH）可促进荷瘤动物巨噬细胞的吞噬功能，增强T淋巴细胞的增殖和分化及NK细胞的活性，并能明显提高荷瘤动物的血清溶血素值，提示TPSH无论是对非特异性免疫功能，还是对特异性细胞免疫以及体液免疫功能，均有一定的提高作用。

铁皮石斛的使用和研究已有2000多年的历史，汉《神农本草经》将其列为上品："味甘，平；主伤中，除痹，下气，补五脏虚劳、羸弱，强阴；久服，厚肠胃、轻身、延年。"唐《道藏》将其列为中华九大仙草之首。这些都奠定了铁皮石斛作为养生保健首选名贵药材的地位。浙江气候四季分明、气候生态类型多样，浙江铁皮石斛品质上乘，享有盛誉。20世纪90年代起，浙江在全国率先成功实现铁皮石斛产业化开发利用，变"草"为宝，为我国珍稀濒危药用植物的保护利用树立了典范。2010年版《中国药典》将铁皮石斛单独收载，明确了其品质成分和质量标准，铁皮枫斗在浙江已是家喻户晓，占据着浙江保健品销售的冠军位置。

四、主要成分

铁皮石斛含石斛碱、石斛胺、石斛次碱、石斛星碱、石斛因碱、6-羟石斛星碱，尚含黏液质、淀粉。细茎石斛含石斛碱、石斛胺及N-甲基石斛碱（季铵盐）。罗河石斛含石斛宁碱。

五、生产技术

和其他中药材一样，淳安的铁皮石斛在很长一段时间内较为依赖野生资源的采摘，近年来，随着市场的发展和效益的提升，铁皮石斛的野生驯化和人工栽培越来越被关注并尝试。经过多年的实践探索，生产技术也越来越成熟，现整理出一套适合当地的铁皮石斛栽培技术，供参考。

1. 选地整地

根据生长习性，铁皮石斛栽培地宜选半阴半阳的环境，空气湿度在80%以上，冬季气温在0℃以上的地区。以夏秋遮光70%、冬季遮光30%～50%为宜。光照过强茎部会膨大、呈黄色，叶片黄绿色，生长缓慢或停止生长。人工可控环境也可，树种应选择黄桷树、梨树、樟树等，且应选择树皮厚有纵沟、含水多、枝叶茂、树干粗大的活树，石块地也应在阴凉、湿润地区，石块上应有苔藓生长及表面有少量腐殖质。

2. 设施准备

铁皮石斛由于对环境要求较高，需在设施环境中种植。搭建简易竹木框架大棚和钢架大棚皆可，但一定要保证棚内通风良好，并设有内外遮阴网。若资金充裕、长期栽培铁皮石斛可考虑建设钢架大棚，使用寿命长，修缮率低。塑料膜根据资金、保温、使用寿命，选择12～15丝的皆可。

3. 苗床建设

地栽：棚内所需土壤充分在太阳下晾晒，并用辛硫酸做杀虫处理，杀死在土壤中残留的害虫及虫卵。在棚内用砖或石头砌成高15～20 cm，宽1～1.5 m的苗床，长度视地形而定，上铺一层5～10 cm厚的碎石等透水性较好的材料，最后铺一层厚10～12 cm，发酵过的树皮或木屑、椰壳、蔗渣、腐熟的落叶或苔藓作栽培基质，苗床与苗床之间保留40～50 cm宽的通道，以便日常栽培操作。

床栽：可根据资金情况搭建宽约1.2～1.5 m，高80 cm左右的竹制或钢架的苗床，苗床间配有40～50 cm宽的通道，以便日常栽培操作，也可搭建钢制活动苗床，床宽和高与固定苗床相似，但只需留一通道，以增加棚内利用率。苗床底层铺一层10～12 cm发酵过的树皮、碎木头、木屑、椰壳、蔗渣、腐熟的落叶或苔藓作栽培基质。

推荐床栽，因为床栽比地栽透水性好，具有苗床中不易积水造成石斛根部腐烂，减少蜗牛、蛞蝓、地老虎等地生虫害等优点，有利于石斛的健康生长。若考虑长期栽培，栽培基质选择很重要，堆积发酵过的树皮、碎木头及木屑耐腐蚀性强，与苔藓、蔗糖渣和腐烂的树叶等相比透气性好，且始终呈半腐熟状态，较适合铁皮石斛栽培使用，是比较理想的栽培基质。

4. 移栽定植期管理

定植：选择无病、健壮、大小均匀的苗进行定植，将处理好的按每丛3～5株，株距10 cm、行距13 cm的规格种植于基质上，定植时以基质根部完全覆盖为宜，栽种过深，基部的叶子容易腐烂引起病害；栽种过浅，根基部生长暴露在空气中，不利于新根、新芽的生长。也有农户选择采用扦插、高芽、分株等方法进行栽种，但此类繁殖方法存在种源难寻、历时长、发展慢、成活率不能保证等问题，在铁皮石斛、齿瓣石斛这2种已经形成产业化种苗生产的石斛类型中不推荐使用。

温度：定植已经驯化好的苗，对温度的要求不像瓶苗那样严格，一般温度不低于10℃，无霜、无雪的情况下都可以栽培，但快速生长的适温为15～30℃之间，一般选择春、夏、秋3季定植，避免在冬季栽种。石斛的适宜生长温度为15～28℃，因而为营建适于其生长的温度环境，在夏季温度高时，设施大棚内须加强通风散热，通过遮阴棚、喷雾降温、通风降温等方式调控棚内温度在一个适宜的范围内；在冬季气温低时，应将设施大棚密封好，必要时可通过各种加热方式使得设施内温度上升以防冻伤植株。

铁皮石斛喜阴，应采用遮阴措施以降低光照。生长期的石斛遮阴度以60%左右为宜。幼苗刚定植完成时，大棚须盖有70%遮阴度以上的遮阴网，以防强光暴晒导致幼苗萎蔫，影响成活率。高温、高强光的夏、秋季，大棚的遮阴网须盖好、盖牢，因为高强光很容易让植株提早封顶，长不高，影响产量。冬季应适当揭开荫棚以利透光，延长生长期。贴树栽培的，应在每年冬、春季节适当剪去附主植物过密的枝条。

湿度：空气相对湿度以80%为佳，基质要"间干间湿"即浇水时基质要湿透，但保证当天基质可呈"干"的状态。切不要浇水过量，使基质总是处在潮湿状态或者基质中有积水，此种情况很容易烂根、死苗。若空气中相对湿度太低，要采用叶片喷雾、地面洒水等形式来补充水分。水的pH值在5左右为好，不要超过6.5，碱性强的水不利于植株生长，甚至会使生长恶化。水分管理是石斛栽培过程中的关键环节之一，刚移栽的石斛苗对水分最敏感，此时一般应控制基质的含水量在60%～70%为宜，具体操作时以手抓基质有湿感但不滴水为宜。移栽后7天内（幼苗尚未发新根）空气湿度保持在90%左右，7天后植株开始发生新根，空气湿度保持在70%～80%。

夏秋高温季节则尽量控制水分，以基质含水量在40%～50%为宜；进入11月以后的冬季，气温逐渐降低，温度在10℃以下时铁皮石斛基本停止生长，进入休眠状态，此时对水分的要求很低，应控制基质含水量在30%以内。

化肥：定植3天后可喷洒1次低浓度的百菌灵进行病害预防。定植1周内不宜施肥，1周后，慢慢有新根长出，可使用1～2次氮、磷、钾配比为10∶30∶20，浓度为1g/L的高磷钾肥促其生根。生长后期，采用喷施氮、磷、钾配比为1∶1∶1的平衡肥和15∶20∶25的高磷钾肥交替使用，在采收前2个月停止施肥，也可配合使用农家肥上清液或者采用缓释肥代替喷施叶面肥。

越冬管理：越冬管理主要是保温，措施有加二道膜、烟雾防冻、人工加温等。进入冬季前要对铁皮石斛进行抗冻锻炼并适当降低湿度，每15天喷1次水。

除草：因为温湿的环境，苗床基质上常会滋生杂草，直接与石斛竞争养分。必须随时除草，一般情况下，石斛种植后每年除草2次，第1次在3月中旬至4月上旬，第2次在11月间，除草时将长在石斛株间和周围的杂草及枯枝落叶除去，在夏季高温季节，不宜除草，以免影响石斛的正常生长。

修枝：每年春季发芽前或采收时，应剪去部分老枝和枯枝以及生长过密的茎枝，可促进新芽生长。

翻兜：石斛栽种5年后，植株萌芽很多，老根死亡，基质腐烂，易被病菌侵染，使植株生长不良，故应根据生长情况进行翻兜，除去枯朽老根，进行分株，另行分株，另行栽培，以促进植株的生长或增加新的种苗。

5. 病害防治

目前石斛类植物容易发生的病害主要有黑斑病、煤污病、软腐病、叶锈病、疫病等。

（1）黑斑病：该病在3～5月发生。症状为嫩叶上出现褐色小斑点，斑点周围黄色，逐步扩散成大圆形斑点，严重时在整个叶片上互相连接成片，直至全叶枯黄脱落。一般发病前期或者雨季之前用50%多菌灵1000倍液预防和控制，或用代森锰锌500倍液防治；发病时使用20%戊唑醇（或者其他三唑类农药）2000倍液防治效果好。

（2）煤污病：该病常在3～5月或多雨天气发生。症状主要是整个植株表面覆盖一层煤烟灰状的黑色粉末状物，严重影响光合作用，导致植株发育不良。可用50%多菌灵1000倍液，或0.3波美度的石硫合剂喷雾1～2次进行防治。

（3）炭疽病：该病常在1～5月发生。症状主要是叶片上出现深褐色或黑色病斑，周围有由内到外成圈状的黑色斑纹，严重时可使茎干、新株受感染。发病初期可用50%多菌灵或甲基托布津1000倍液喷雾防治，或者20%戊唑醇2000倍液喷雾防治。

（4）软腐病：该病通常在5～6月发生。症状主要是植株茎秆水渍状由上往下软腐而腐烂，造成死苗，尤其幼苗生长期更为突出。雨季禁止植株基质积水或者植株带水过夜，减少氮肥使用量，用高磷钾肥或者追施0.05%硫酸钾等肥料增强抵抗力，发现病株立即连其周围基质一起清除，严重时用农用链霉素600倍液和扑海因1000倍液混合喷洒。

（5）叶锈病：该病通常在7～8月多雨季节发生。首先受害茎叶上出现淡黄色的斑点，后变成向外凸出的粉黄色疙瘩，最后孢子囊破裂而散发出许多粉末状孢子，为害严重时，使茎叶枯萎死亡。种植地块不能过湿，雨后及时排水，根据情况减少覆盖物，促进根系通风透气；严重时用粉锈宁800倍液喷洒叶面，每隔5～7天喷洒1次，连喷3次。

6. 虫害防治

为害石斛的害虫主要有蚜虫、蜗牛、石斛菲盾蚧、地老虎等。

（1）蚜虫：主要为害新芽和叶片。5～6月为蚜虫猖獗为害期，当嫩株茎尖上出现蚜虫时，可选用克蚜敏600倍液或者70%吡虫啉2500倍喷洒，每隔5天喷洒1次，连喷3次。

（2）蜗牛：以雨季为害较重。虫体爬行于石斛植株表面，舔食石斛茎尖、嫩叶，舔磨成孔洞、缺口或将茎苗弄断。选择晴天的傍晚，将蜗克星或梅塔颗粒撒于种植床上下，1～2天内不宜浇水，也可采用人工捕捉的方法进行防治。

（3）石斛菲盾蚧：该虫寄生于石斛叶片边缘或叶背面，吸取汁液，引起植株叶片枯萎，严重时造成整株枯黄死亡。同时还可引发煤污病。5月下旬是其孵化盛期，可用敌杀死1000倍液喷洒或1:3的石硫合剂进行喷杀，效果较好。已形成盾壳的虫体，可采取除老枝集中烧毁或人工捕杀的方法防治。

（4）地老虎：其在傍晚和清晨食铁皮石斛的茎基部，造成石斛死亡。早春或者初秋使用辛硫磷2000倍液灌施预防；或者清晨露水未干时采用人工捕捉的方法防治。

六、采收加工

1. 采收

每年春末萌芽前采收，采收时剪下3年生以上的茎枝，留下嫩茎让其继续生长，采收时用剪刀剪切枝条，剪刀要快，剪口要平，以减少养分散失和利于伤口愈合，特别注意茎基部要留下2～3个节，以利于植株越冬、来年新芽萌芽时的养分供给。

2. 加工

因品种和商品药材不同，有不同的加工方法，以下介绍2种方法：

（1）将采回的茎株洗尽，去掉叶片及须根，分出单茎株，放入85℃热水中烫1～2分钟，捞起，摊在竹席或水泥场上暴晒，晒至五成干时，用手搓去鞘膜质，再摊晒，并注意常翻动，至足干即可。

（2）也可将洗尽的石斛放入沸水中浸烫5分钟，捞出晾干，置竹席上暴晒，每天翻动2～3次，晒至身软时，边晒边搓，反复多次至去净残存叶鞘，然后晒至足干即可。

七、石斛食用

1. 石斛饮

石斛露：鲜石斛50 g。将石斛洗净切碎、浸渍，放入玻璃蒸馏器中，注入蒸馏水，加热蒸馏，收集蒸馏液1000～1500 mL。每日2次，每次服用30 mL。

石斛甘蔗饮：鲜石斛20 g，甘蔗250 g。将石斛加水煎煮50分钟，滤取药汁，兑入甘蔗汁，稍沸。当茶频频饮用，也可作夏季饮料常饮。

石斛西洋参茶：西洋参5克，石斛30克。先将石斛拣杂，晾干后切成片；将西洋参拣杂，切成饮片，放入较大的容器内备用。放入砂锅，加足量水，大火煮沸后，改用小火煨煮30分钟，用洁净纱布过滤，去渣，收集滤汁盛有西洋参饮片的容器中，加盖闷15分钟，即可饮用。（或将西洋参、石斛碾成细粉冲开代茶饮用，每次3～5 g，每日1～2次。）

2. 石斛煲汤

铁皮石斛炖野生水鸭汤：

［原料］：老鸭1只，石斛10 g，虫草25条，瘦肉50 g。

［制法］：老鸭宰杀洗净；药材洗净；将老鸭放入瓦煲，依次加药材、姜片、葱段、料酒和适量清水，武火煮沸，改文火煲2小时，加盐、鸡精调味即可。

石斛洋参乌鸡汤：

［原料］：乌鸡1只，铁皮枫斗15 g，西洋参30 g，山楂15 g；姜片、葱段、料酒、盐、鸡精各适量。

［制法］：乌鸡宰杀洗净，斩块；药材洗净；锅内烧水开后放入乌鸡鸡，肉煮5分钟后捞出洗净放入瓦煲，加入姜片、葱段、料酒和适量清水，大火煮沸，改小火煲2小时，加盐、鸡精调味即可。

3. 石斛药膳

石斛粥：

［原料］：每碗米粥用鲜石斛5 g左右，梗米50 g，冰糖适量。

［功效］：养胃生津，滋阴清热，适用于热病津伤、心烦口渴；病后津亏、虚热不退；胃虚隐痛或兼干咳。

石斛银耳羹：

［原料］：石斛纯粉，银耳15 g，冰糖150 g，鸡蛋1个，猪油少许。

［制法］：银耳在30～35℃的温水中浸泡30分钟，待其发透后去蒂头洗净，撕成瓣状，放入锅中加适量水，石斛纯粉先以温水化开后加入，先武火烧沸再在文火上熬3个小时，冰糖放入另外一个锅中加水，置于武火上熬成汁；兑入鸡蛋清搅匀后撇去浮沫，将糖汁缓缓冲入银耳锅中，起锅前加少许猪油，使之更加滋润可口。

天南星栽培管理生产技术

郑平汉

天南星（学名：*Rhizo maArisae matis*），别名南星、白南星等。本品为天南星科植物天南星、异叶天南星或东北天南星的干燥块茎。秋、冬两季茎叶枯萎时采挖，除去须根及外皮，干燥。天南星具有祛风定惊、化痰散结的功能。由于野生资源少，用量大，人工栽培少，为紧俏中药材之一。天南星多系野生，中国南北各地均能栽培。生于海拔2700 m以下的林间、灌丛或草地。

一、基本情况

天南星之名始见于《本草拾遗》，云："生安东（今辽宁丹东）山谷，叶如荷，独茎，用根最良。"《开宝本草》谓："生平泽，处处有之。叶似蒟叶，根如芋。二月、八月采之。"《本草图经》曰："二月生苗似荷梗，茎高一尺以来。叶如蒟蒻，两枝相抱。五月开花似蛇头，黄色。七月结子作穗似石榴子，红色。根似芋而圆。"

淳安产天南星历史悠久，自古村民喜房前屋后种植，清顺治年间《修淳安县志》记载为天南星，清乾隆及以后《淳安县志》

均记载为南星。目前仍以野生采集为主。

二、形态学特征

1. 天南星

多年生草本。块茎近圆球形，直径达6 cm。鳞叶2～3；紫红色或绿白色，间有褐色斑块。叶单一，柄长达70 cm，中部以下具叶鞘；叶片放射状分裂，裂片7～20枚，披针形或长圆形，长7～24 cm，宽1～4 cm，长渐尖或延长为线尾状。花序柄自叶柄中部分出，短于叶柄。佛焰苞颜色多样，绿色间有白色条纹或淡紫色至深紫色中夹杂着绿色、白色条纹；喉部扩展，边缘外卷；檐部宽大，三角状卵形至长圆卵形，先端延伸为长达15 cm的线形尾。肉穗花序单性；雌花序轴在下部，中性花序轴位于中段，紧接雄花序轴，其上为长约5 cm的棒状附属器。果序成熟时裸露，浆果红色，种子1～2，球形，淡褐色。花期4～6月，果期8～9月。生于荒地、草坡、灌木丛及林下。分布于除东北地区、内蒙古和新疆以外的大部分省区。

2. 异叶天南星

多年生草本。块茎近圆球形，直径2～5 cm，叶常单一；叶柄下部鞘状，下部具膜质鳞叶2～3；叶片鸟足状分裂，裂片11～19，线状长圆形或倒披针形，中裂片比两侧短小。花序柄从叶柄中部分出；佛焰苞管部长3～6 cm，绿白色，喉部截形，外缘反卷，檐部卵状披针形，有时下弯呈盔状，淡绿色至淡黄色。肉穗花序轴与佛焰苞完全分离；两性花或雄花单性；下部雌花序长约2 cm，花密，上部雄花序长约3 cm，花疏；附属器基部直径0.5～1 cm，长达20 cm，伸出佛焰苞喉部后呈"之"字形上升。果序近圆锥形，浆果熟时红色，佛焰苞枯萎而致果序裸露。种子黄红色。花期4～5月，果期6～9月。生于灌丛、草地及林下。分布于全国大部分省区（西藏和西北等地除外）。

3. 东北天南星

与天南星及异叶天南星的区别为：1叶，叶柄长17～30 cm，下部1 / 3具鞘，紫色；叶片鸟足状分裂，裂片5，倒卵状披针形或椭圆形，先端短渐尖或锐尖，基部楔形，中裂片具长约2 cm的柄，长7～12 cm，宽4～7 cm，侧裂片具长约1 cm共同的柄，全缘。花序柄短于叶柄，佛焰苞绿色或紫色具白色条纹；肉穗花序单性，雄花序长约2 cm，花疏；雌花序长约1 cm；各附属器具短柄，棒状。浆果红色。肉穗花序轴常于果期增大，果落后紫红色。生于海拔50～1200 m的林下和沟旁。分布于东北、华北地区及陕西、宁夏、山东、江苏等地。

天南星本品呈扁球形，高1～2 cm，直径1.5～6.5 cm。表面类白色或淡棕色，较光滑，顶端有凹陷的茎痕，周围有麻点状根痕，有的块茎周边有小扁球状侧芽。质坚硬，不易破碎，断面不平坦，白色，粉性。气微辛，味麻辣。

三、生长环境

天南星喜湿润、疏松、肥沃的土壤和环境，其块茎不耐冻，但当年落地种子新发出来的幼苗较耐寒。种子萌发的当年实生苗，第1年幼苗只生1片小叶，第2、第3年后小叶片数逐次增多，且较能耐寒。人工栽培宜与高秆作物间作，或选择有荫蔽的林下、林缘、山谷较阴湿的环境；土壤以疏松肥沃、排水良好的黄沙土为好。凡低洼、排水不良的地块不宜种植。

四、繁殖方式

（一）块茎繁殖

天南星繁殖以块茎繁殖为主，亦可种子繁殖。9～10月收获天南星块茎后，选择生长健壮、完整无损、无病虫害的中、小块茎，晾干后置地窖内贮藏作种栽。挖窖深1.5 m左右，大小视种栽多少而定，窖内温度保持在5～10℃左右为宜。低于5℃，种栽易受冻害；高于10℃，则容易提早发芽。一般于翌年春季取出栽种。亦可于封冻前进行秋栽。春栽，于3月下旬至4月上旬，在整好的畦面上，按行距20～25 cm，株距14～16 cm挖穴，穴深4～6 cm。然后，将芽头向上，放入穴内，每穴1块。

栽后覆盖土杂肥和细土，若干旱浇1次透水。约半个月左右即可出苗。大块茎作种栽，可以纵切两半或数块，只要每块有1个健壮的芽头，都能作种栽用。但切后要及时将伤口拌以草木灰，避免腐烂。块茎切后种植的小块茎，覆土要浅；大块茎宜深，每亩需大种栽45 kg左右，小种栽20 kg左右。

（二）种子繁殖

天南星种子于8月上旬成熟，红色浆果采集后，置于清水中搓洗去果肉，捞出种子，立即进行秋播。在整好的苗床上，按行距15～20 cm挖浅沟，将种均匀地插入沟内，覆土与畦面齐平。

播种后一次性浇透水，以后经常保持床上湿润，10天左右即可出苗。冬季用厩肥覆盖畦面，保温保湿，有利幼苗越冬。翌年春季幼苗出土后，将厩肥压入苗床作肥料，当苗高6～9 cm

时，按株距12 cm定苗。

五、栽培技术

（一）整地施肥

选好地后于秋季将土壤深翻20～25 cm，结合整地每亩施入腐熟的厩肥或堆肥3000～5000 kg，翻入土内作基肥，栽种前，再浅耕3遍，然后，整细耙平做成高1.2 m的高畦或平畦，四周开好排水沟，畦面呈龟背形。

（二）移栽

春季4～5月上旬，当幼苗高达6～9 cm时，选择阴天。将生长健壮的小苗，稍带土团，按行株距20 cm×15 cm移植于大田。栽后浇1次定根水，以利成活。

（三）松土除草

苗高6～9 cm时，进行第1次松土除草，宜浅不宜深，只要耙松表土层即可。锄后随即追施1次稀薄的人畜粪水，每亩1000～1500 kg，或每亩施复合肥30 kg；第2次于6月中下旬，松土可适当加深，并继续追肥1次，量同前次；第3次于7月下旬正值天南星生长旺盛时期，结合除草松土，每亩追施粪肥1500～2000 kg或复合肥40～50 kg，在行间开沟施入，施后覆土盖肥；第4次于8月下旬，结合松土除草，每亩追施尿素10～20 kg，加饼肥50 kg，以利增产。

（四）排灌水

天南星喜湿，栽后经常保持土壤湿润，要勤浇水，雨季要注意排水，防止田间积水，水分过多，易使苗叶发黄，影响生长。

（五）摘花

在5～6月天南星肉穗状花序从鞘状苞片内抽出时除留种地外，应及时剪除，以减少养分的无谓消耗，有利增产。

（六）套作

天南星栽后，前2年生长较缓慢，在畦埂上按株距30 cm间作玉米或豆类，或其他药材。既可为天南星遮阴，又可增加经济效益。

六、病虫防治

天南星常见病虫害有病毒病、炭疽病、根腐病、茎枯病、疫病、红天蛾等类型，首先宜采用无病毒种进行种植和繁殖，其次做好合理密植以及科学施肥等工作，再根据具体病害进行防治。

（1）病毒病：为全株性病害，发病时，天南星叶片上产生黄色不规则的斑驳，使叶片变为花叶症状，同时发生叶片变形、皱缩、卷曲，变成畸形症状，使植株生长不良，后期叶片枯死。

防治措施：①选择抗病品种栽种，如在田间选择无病单株留种。②增施磷、钾肥，增强植株抗病力；③及时喷药消灭传毒害虫。可使用病毒A、病毒必克防治病毒病；5%高效氯氰菊酯3000倍液杀死传毒害虫。

（2）炭疽病：天南星种植中的主要病害之一，严重影响天南星产量和质量，主要为害叶片、叶柄、茎及果实，叶片染病叶斑圆形或近圆形，大小为2～5 mm，中心部分灰白色至浅褐色，边缘绿色至褐色，病部轮生或聚生黑色小点，茎、叶柄染病产生浅褐色梭形凹陷斑，密生黑色小粒点，湿度大时分生孢子盘上聚集大量橙红色分生孢子，浆果染病也生出红褐色凹陷斑。

防治措施：可从农业防治和药剂防治2方面着手。农业防治为：合理密植，注意通风透气，科学配方施肥，增施磷钾肥，提高植株抗病力，适时灌溉，严禁大水漫灌，雨后及时排水，防止湿度过大，及时清除感病叶片，剪去轻病叶的病斑。药剂防治为：发病前喷1%波尔多液或27%高脂膜乳剂100～200倍液保护，发病期间可选用75%百菌清1000倍液、20%三环唑800倍液、50%炭疽福美600倍液，每隔7～10天喷1次，连续喷多次，杀菌剂应轮换使用，效果更好。

（3）根腐病：通常在5～10月份发生，受害病株块茎腐烂，叶片枯死，蔓延甚快。

防治方法：雨季排出地中积水，炎热夏季的雨后及时浇井水降低地温，夏季用多菌灵1000倍液喷洒预防，发现病株及时挖除烧毁，病穴用生石灰消毒。

（4）茎枯病：幼苗出土后基部土表下近地面球茎与幼茎连接处发生褐色环状凹陷、缢缩，低温高湿、茬口不对是发病的主要因素。

防治方法：常用药剂有70%的甲基托布津可湿性粉剂500倍液，75%的百菌清可湿性粉剂500倍液，7～8天喷1次，连续喷药3次，可有效地控制病情。发病初期喷用75%百菌清可湿性粉剂600倍液，或38%恶霜灵嘧菌酯800倍液，64%杀毒矾可湿性粉剂400倍液或50%扑海因可湿性粉剂1000倍液，或70%乙膦·锰锌500倍液。

（5）疫病：由疫病菌所引起的土壤传播性病害，最适发病温度在20～25℃，在雨季发病尤为厉害，被害部位最初呈现水浸状，组织褪色而褐变，在感染初期，病害组织仍保持相当的韧度，后期患部才腐败、崩溃、瓦解。

防治方法：分农业防治和药剂防治。农业防治：①加强田间卫生管理，将病株、病叶、杂草随时摘除，并带离园区加以烧毁，不可以将植物残体堆积于园区内，以免病原菌滋生。尽量避免雨淋、浇水、飞溅，雨淋后，一定得及时打药预防。这是农业防治中最有效、最简单的措施。②加强园区通风降温，氮肥不能过量。药剂防治：可采用58%甲霜灵·锌锰（锌锰灭达乐）400～600倍液、72.2%普力克水剂800～1000倍液、50%免赖得可湿性粉剂1000～1500倍液、64%杀毒矾可湿性粉剂400～500倍液、80%锌锰乃浦可湿性粉剂400倍液轮流防治。

（6）红天蛾：以幼虫为害叶片，咬成缺刻和空洞，7～8月发生严重时，把天南星叶子吃光。

防治措施：①在幼虫低龄时，喷90%敌百虫800倍液杀灭；②忌连作，也忌与同科植物如半夏、魔芋等间作。红蜘蛛、蛴螬等害虫，同上法防治。

七、采收

于9月下旬、10月上旬收获。过迟，天南星块茎难去表皮。采挖时，选晴天挖起块茎，去掉泥土、残茎及须根。然后装入筐内，置于流水中，用大竹扫帚反复刷洗去外皮，洗净杂质。未去净的块茎，可用竹刀刮净外表皮。然后，即成商品。天南星全株有毒，加工块茎时要戴橡胶手套和口罩，避免接触皮肤，以免中毒。

杭白芍栽培管理生产技术

郑平汉

芍药，别名将离、离草，是芍药科芍药属的著名草本花卉。芍药可分为草芍药、美丽芍药、多花芍药等多种品种，是中国栽培最早的一种花卉，栽培历史超过4900年。杭白芍即浙江杭州白芍，处方中写白芍、杭芍、大白芍均指生白芍，炒白芍又称白芍，还有酒白芍、醋白芍，白芍有养血和营、缓急止痛、敛阴平肝的功效，杭白芍主治月经不调、经行腹痛等，虚寒行腹痛泄者以及小儿出麻疹期间不宜食用杭白芍。

一、人文历史

传说东汉神医华佗在其后宅辟药园、凿药池、建药房、种药草，广为传授种植、加工中药材技术。但每味药他都要仔细品尝，弄清药性后，才用到病人身上。

有一次，一位外地人送给华佗一棵芍药，他就把它种在了屋前。华佗尝了这棵芍药的叶、茎、花之后，觉得平平常常，似乎没有什么药性。一天深夜，华佗正在灯下看书，突然听到有女子哭声。华佗颇感纳闷，推门走出去，却不见人影，只见那棵芍药。华佗心里一动：难道它就是刚才哭的那个女子？他看了看芍药花，摇了摇头，自言自语地说："你自己全身上下无奇特之处，怎能让你入药？"转身又回屋看书去了。谁知刚刚坐下，又听见那女子的啼哭声，出去看时，还是那棵芍药。华佗觉得奇怪，喊醒熟睡的妻子，将刚才发生的事给她描述了一遍。妻子望着窗外的花木药草说："这里的一草一木，到你手里都成了良药，被你用来救活了无数病人的生命，独这株芍药被冷落一旁，它自然感到委屈了。"华佗听罢笑道："我尝尽了百草，药性无不辨得一清二楚，该用什么就用什么，没有错过分毫。对这芍药，我也多次尝过了它的叶、茎、花，确实不能入药，怎么说是委屈了它呢？"

事隔几日，华夫人血崩腹痛，用药无效。她瞒着丈夫，挖起芍药根煎水喝了。不过半日，腹痛渐止。她把此事告诉了丈夫，华佗才知道他确实委屈了芍药。

后来，华佗对芍药做了细致的试验，发现它不但可以止血、活血，而且有镇痛、滋补、调经的效果。

《本草品汇精要》记载白芍以"泽州、白山、蒋山、茅山、淮南、海、盐、杭、越"为道地，《本草求真》更是明确"白芍出杭州佳"。刊于1930年的近代陈仁山编撰《药物出产辨》记载"白芍产四川中江、渠河为川芍，产安徽亳州为亳芍，产浙江杭州为杭芍"。后来白芍成为著名的"浙八味"品种之一。

淳安产芍药历史悠久，最早在清顺治年间的《修淳安县志》中就记载了当地有"芍药赤白二种"，《嘉庆淳安县志》记载芍药，去掉了"赤白二种"字样。

二、形态特征

1. 根

根由3部分组成：根颈、块根、须根。根颈头（区别于"根茎"，根颈是根，根茎是茎）是根的最上部，颜色较深，着生有芽；块根由根颈下方生出，肉质，粗壮，呈纺锤形或长柱形，粗0.6~3.5 cm，外表浅黄褐色或灰紫色，内部白色，富有营养，块根一般不直接生芽，断裂后却可萌生较小的新芽，因此秋季收集5 cm以上的断根也可繁殖；须根主要从块根上生出，是吸收水分和养料的主要器官，并可逐渐演化成块根。芍药的根按外观形状的不同，一般又可分为3型：粗根型、坡根型、匀根型。粗根型，根较稀疏，粗大直伸；坡根型，根向四周伸展，粗细不匀；匀根型，根条疏密适宜，粗细均匀。根可入药。

2. 芽

丛生在根颈上，肉质，冬季在地下越冬，春初随气温上升，萌芽出土，初生时水红色至浅紫红色，也有黄色的，长出地面后，颜色加深，一般成为深紫红色，外有鳞片保护。芍药的芽为混合芽，既发育成生殖器官——花，又形成营养器官——茎和叶。萌芽前，芽长为2.5~4 cm。芽生出地面之后的颜色与形态也因品种不同会有所差异，颜色从深紫红色到黄褐色不等，芽形则可分为3型：短圆型、竹笋型、笔尖型。短圆型，芽体较短，端部钝圆形；竹笋型，芽体较长，端部急尖，呈竹笋状；笔尖型，芽体较长，端部渐尖，状如毛笔的笔尖。芍药发芽是最壮观的场面之一，因为它体现了生命的萌发与活力，因此具有较高的欣赏价值。

3. 茎

由根部簇生，高约50～110 cm，草本，茎基部圆柱形，上端多棱角，有的扭曲，有的直伸，向阳部分多呈紫红晕。

4. 叶

下部叶是二回三出羽状复叶，即叶的末端由3片小叶组成一束叶，两侧又各有一束叶，两侧的每一束叶通常情况下由4片小叶组成，中部的复叶，末端的3片小叶不变，两侧的小叶片数开始减少，由原先的4片逐渐减为3片、2片或1片，甚至消失，当消失时，末端只有3片小叶构成，这时叫做三回羽状复叶，上方的叶片是单叶。叶长20～24 cm，小叶有椭圆形、狭卵形、披针形等，叶端长而尖，全缘微波，叶缘密生白色骨质细齿，叶面有黄绿色、绿色和深绿色等，叶背多粉绿色，有毛或无毛。芍药的叶也具有观赏价值，"红灯烁烁绿盘龙"中"绿盘龙"就是对叶的赞美，因此也可作为观叶植物。

5. 花蕾

形状有圆桃、平圆桃、扁圆桃、尖圆桃、长圆桃、尖桃、歪尖桃、长尖桃、扁桃等数种。外轮萼片5枚，叶状披针形，绿色，从下到上依次减小；内萼片3枚（不包括变种），绿色或黄绿色，有时夹有黄白条纹或紫红条纹，倒卵形、宽卵形、圆形、椭圆形或不规则形。

6. 花

一般单独着生于茎的顶端或近顶端叶腋处，也有一些稀有品种，是2花或3花并出的。原种花白色，花径8～11 cm，花瓣5～13

枚，倒卵形，雄蕊多数，花丝黄色，花盘浅杯状，包裹心皮基部，顶端钝圆，心皮3～5枚无毛或有毛，顶具喙；园艺品种花色丰富，有白、粉、红、紫、黄、绿、黑和复色等，花径10～30 cm，花瓣可达上百枚，有的品种甚至有880枚，花形多变。花期5～6月，果期8月。

7. 果实

蓇葖果，呈纺锤形、椭圆形、瓶形等；光滑，或有细茸毛，有小突尖。2～8枚离生，由单心皮构成，子房1室，内含种子5～7粒。具有药用价值。

8. 种子

黑色或黑褐色，种子大型，呈圆形、长圆形或尖圆形。

三、生长环境

1. 土壤

芍药是深根性植物，所以要求土层深厚，又是粗壮的肉质根，适宜疏松而排水良好的沙质壤土，在黏土和沙土中生长较差，土壤含水量高、排水不畅，容易引起烂根，以中性或微酸性土壤为宜，盐碱地不宜种植；以肥沃的土壤生长较好，但应注意含氮量不可过高，以防枝叶徒长，生长期可适当增施磷钾肥，以促使枝叶生长苗壮，开花美丽。芍药忌连作，在传统的芍药集中产区，在同一地块上多年连续种植芍药是很普遍的现象，已造成严重的损失，不只病虫害严重，产量和质量下降，甚至导致大面积死亡。所以，必须进行科学合理的轮作制度。

2. 水分

芍药性喜地势高敞，较为干燥的环境，无须经常灌溉。芍药因为是肉质根，特别不耐水涝，积水6～10小时，常导致烂根，低湿地区不宜作为我国的芍药产区，每次水灾，对芍药几乎都是毁灭性的，只有在高敞处，未被水淹的芍药留了下来。

3. 温度

芍药是典型的温带植物，喜温耐寒，有较宽的生态适应幅度。在中国北方地区可以露地栽培，耐寒性较强，在黑龙江省北部嫩江县一带，年生长期仅120天，极端最低温度为-46.5℃的条件下，仍能正常生长开花，露地越冬。夏天适宜凉爽气候，但也颇耐热，如在安徽省亳州，夏季极端最高温度达42.1℃，也能安全越夏。

4. 光照

芍药生长期光照充足，才能生长繁茂，花色艳丽；但在轻荫下也可正常生长发育，在花期又可适当降低温度、增加湿度，免受强烈日光的灼伤，从而延长观赏期，但若过度蔽荫，则会引起徒长，生长衰弱，不能开花或开花稀疏。

芍药是长日照植物，在秋冬短日照季节分化花芽，春天长日照下开花。花蕾发育和开花，均需在长日照下进行。若日照时间过短（8～9小时），会导致花蕾发育迟缓，叶片生长加快，开花不良，甚至不能开花。

四、栽培技术

（一）繁殖方法

芍药传统的繁殖方法包括分株、播种、扦插、压条等，其中以分株法最为易行，被广泛采用。播种法仅用于培育新品种、生产嫁接牡丹的砧木和药材生产。

1. 分株法

分株法是芍药最常用的繁殖方法，芍药产区的苗木生产，基本上均采用此法繁殖。其优点有三：一是比播种法提早开花，播种苗4～5年开花，而分株苗隔年即可开花；二是分株操作简便易行，管理省工，利于广泛应用；三是可以保持原品种的优良性状。缺点是繁殖系数低，3年生的母株，只能分3～5个子株，很难适应和满足现代化大生产及不断飞速增长的国内外花卉市场的需要。这一直是困扰芍药苗木生产的一大难题。

（1）分株时间：芍药的分株，理论上讲，从越冬芽充实到土地封冻前均可进行。但适时分株栽植，地温尚高，有利于根系伤口的愈合，并可萌发新根，增强耐寒和耐旱的能力，为次年的萌芽生长奠定基础。不可过早分株，以免发生秋发现象，影响翌年的生长发育；亦不宜过迟分株，其时地温已不能满足芍药发根的需要，以致次年新株生长不良；若迟至春天分株栽植，芽萌发出土，因春季气温渐高、空气湿度小，蒸腾量大，分株后根系受伤，不能正常吸收水分和养分，造成断株生长十分衰弱，甚至死亡。芍药分株适期一般较牡丹为早，在9月下旬到11月上旬分株。分株苗经三四年生长又可再次分株。年久不分，会因根系老朽，植株生长衰弱，开花不良。

（2）分株方法：芍药分株时细心挖起肉质根，尽量减少伤根，挖起后，去除宿土，削去老硬腐朽处，用手或利刀顺自然缝隙处劈分，一般每株可分3～5个子株，每子株带3～5个或2～3个芽；母株少而栽植任务大时，每子株也可带1～2个芽，不过恢复生长要慢些，分株时粗根要予以保留。若土壤潮湿，芍药根脆易折可先晾1天再分，分后稍加阴干，蘸以含有养分的泥浆后即可栽植。在园林绿地中，芍药栽植多年，长势渐弱急待分栽，又不能因繁殖影响花期时游人观赏，可用就地分株的方法，用锹在芍药株旁挖一深穴，露出部分芍药根，然后用利铲将芍药株切分，尽量减少对原株的扰动，取出切分下来的部分，进行分株栽植，方法同上，一般以切下原株的一半为宜。挖出的深穴，可加入适量肥料掺土压实。也可以用隔行分栽或隔株分栽的方法，这样可在不影响景观的前提下，分株复壮，只是要连续分株2～3年而已。但是，因为芍药忌连作，隔行或隔株分栽的方法，不可连续应用，否则病虫害发生严重，生长不良，甚至死亡率大为增加。

芍药作药用栽培时，芍药产区多用芍头分株繁殖，秋天挖出母株，将粗根全部切下药用，而将带芽的芍头作为繁殖材料。首先去除无芽和病脚的芍头，将芍头切分成块状，每块带壮芽2～3个，芍头厚2 cm，过厚主根不壮，多分叉，过薄则养分不足。最好随切分，随栽植，若不能及时栽植，不要切分，芍头可沙藏备用。宜于8月上旬到9月下旬栽植。

（3）分株后管理：栽植深度以芽入土2 cm左右为宜，过深不利于发芽，且容易引起烂根，叶片发黄，生长也不良；过浅则不利于开花，且易受冻害，甚至根茎头露出地面，夏季烈日暴晒，导致死亡。如果分株根丛较大（具3～5芽），第2年可能有花，但形小，不如摘除使植株生长良好。根丛小的（2～3芽），第2年生长不良或不开花，一般要培养2～5年。

2. 播种法

芍药的果实为蓇葖果，每个蓇葖果含种子1～7粒。待种子成熟，蓇葖开裂，散出种子。种子宜采后即播，随播种时间延迟，种子含水量降低，发芽率下降。种子有上、下胚轴双重休眠特性，播种后秋天的土壤温度使种子的下胚轴解除休眠状态，胚根发育生根。当年生根情况愈好，则来年生长愈旺盛；若播种过迟，地温不能解除下胚轴休眠，不能生很，则第2年春天发芽率大大降低。秋天播种生根后，经过冬天长时间的低温，可解除上胚轴的休眠。翌年春天气温上升，湿度适宜时，胚芽出土。

因为芍药园艺品种播种产生的后代性状要发生分离，不能保持原品种的优良性状，所以播种法不能用于品种苗株的繁殖。

（1）种子采收：当蓇葖果变黄时即可采收，过早种子不成熟，过晚种皮变黑、变硬不易出苗。果实成熟有早有晚，要分批采收，果皮开裂散出种子，即可播种，切勿暴晒种子，使种皮变硬，影响出苗。如果不能及时播种，可行沙藏保湿处理，但必须于种子发根前取出播种。

（2）播种时间：芍药须当年采种即及时播种，宜9月中下旬到10月中旬播种，若迟于10月下旬，则当年不能生根，次年春天发芽率会大大降低；而且，即使出苗，因幼苗根系不发达，难于抵抗春季的干旱，容易死亡。

（3）播种方法：

种子处理：播种前，要将待播的种子除去瘪粒和杂质，再用水选法去掉不充实的种子。芍药种子种皮虽较牡丹薄，较易吸水萌芽，但播种前若行种子处理，则发芽更加整齐，发芽率大为提高，常达80%以上。方法是用50℃温水浸种24小时，取出后即播。

整畦播种：播种育苗用地要施足底肥，深翻整平，若土壤较为湿润适于播种，可直接做畦播种；若墒情较差，应充分灌水，然后再做畦播种。畦宽约50 cm，畦间距离30 cm，种子按行距6 cm、粒距3 cm点播；若种子充足，可行撒播，粒距不小于3 cm；播后用湿土覆盖，厚度约2 cm。每666.7 m²用种约50 kg，撒播约100 kg。播种后盖上地膜，于次年春天萌芽出土后撤去。也可行条播，条距40 cm，粒距3 cm，覆土5～6 cm；或行穴播，穴距20～30 cm，每穴放种子4～5粒，播后堆土10～20 cm，以利防寒保墒。于次年春天萌芽前耙平。

3. 芍药的其他繁殖方法

（1）扦插法：选地势较高、排水良好的圃地作扦插床，床土翻松后，铺15 cm厚的河沙，河沙要用0.5%的高锰酸钾消毒，扦插基质也可用蛭石或珍珠岩。在床上搭高1.5 m的遮阳棚，据长春等地的经验，以7月中旬截取插穗扦插效果最好。插穗长10～15 cm。带2个节，上一个复叶，留少许叶片；下一个复叶，连叶柄剪去，用浓度为500×10～1000×10萘乙酸或吲哚乙酸溶液速蘸处理后扦插，插深约5 cm，间距以叶片不互相重叠为准。插后浇透水，再盖上塑料棚。据观察，基质温度28~30℃，湿度50%时生根效果最好。扦插棚内保持温度20~25℃，湿度80%~90%，则插后20~30天即可生根，并形成休眠芽。生根后，应减少喷水和浇水量，逐步揭去塑料棚和遮阳棚。扦插苗生长较慢，需在床上覆土越冬，翌年春天移至露地栽植。

（2）根插法：利用芍药秋季分株时断根，截成5~10 cm的根段，插于深翻并平整好的沟中，沟深10~15 cm，上覆5~10 cm厚的细土，浇透水即可。

（3）压条法：春天将萌芽出土不久的嫩芽，穿过花盆的盆孔，引入口径15~20 cm的花盆内，随生长逐渐填土，保持盆土湿润，到夏天即可生根，入冬前剪断盆下的茎，就形成一棵盆栽的芍药。

（4）现代组织培养方法：植物组织培养即植物无菌培养技术，是根据植物细胞具有全能性的理论，利用芍药离体的器官、组织或细胞（如根、茎、叶等），在无菌和适宜的人工培养基及光照、温度等条件下，诱导出愈伤组织、不定芽、不定根，最后形成与母体遗传性相同的完整植株。这种技术又被称为克隆技术，可达到快速繁殖的目的，具有广泛应用的价值。

（二）选地

栽植地选用地势高燥、排水良好处，要求土层深厚、疏松、肥沃的沙质壤土。在盐碱较重的地段种植，需要换土；在地势较低处种植，要筑高台，应有充足而清洁的灌溉水源。芍药忌连作。大田栽培一般每3~4年轮作一次，否则长势减弱，病虫为害严重。因土地局限不能按时轮作时，要于栽植前1～2个月进行保深翻。深度60～100 cm，每666.7 m²可施腐熟的粪干1500～2000 kg或200～250 kg的饼肥，切记不可施用没有腐熟的生肥。

（三）栽植时间

不论播种苗还是分株苗的定植，以9月下旬（秋分）至11月上旬为宜，一般结合分株进行。

（四）栽植规格

栽植株行距50 cm×40 cm或50 cm×35 cm，即每666.7 m²栽植3000～3500株。栽植穴的深度约35 cm，上口直径约18 cm，挖坑要上窄下宽，观赏栽培繁殖时不去粗根，药用栽培使用去根后的催根苗，穴深25 cm左右。若直接用去根后的芍头栽植，深度还可浅些。

（五）栽植方法

穴底施以腐熟的粪干或饼肥，与底土掺匀。栽前芍药苗用甲基托布津700倍液加甲基异硫磷1000倍液的混合液处理，以防病虫为害。手持芍药苗，使根舒展地放于穴中，当填土至半坑时，抖动并上提苗株，使根系与土壤结合紧密。苗株上提高度，以芽与地面相平为准，经浇水土坑下沉，正好为适宜的栽植深度。栽植过深，芽不易萌发出土，即使出苗，生长发育也不旺盛；栽植过浅，根茎露出地面，夏季受日光暴晒，易导致死亡。最后填土至穴满，捣实，上堆10 cm左右的土堆，以防寒保墒，也起标志和保护作用。视土壤墒情，若土壤湿润，栽后可不浇水，一般应栽后即灌水。

（六）田间管理

1. 扒土平畦

在前一年秋天栽植时堆的土堆，必须在芍药嫩芽出土前及时扒平，平整畦面，以利浇水和田间管理。若操作晚了，扒土会伤及嫩芽；若不扒土，会造成嫩芽基部衰弱，影响生长。

2. 中耕除草

在整个生长季节，要经常中耕除草，在叶幕完全覆盖地面前和花期前后要深耕；开花后要浅耕，一般情况下，每年应中耕除草10次左右。

3. 施肥

芍药喜肥，少有过肥之害。特别是花蕾透色及孕芽时，对肥分要求更为迫切，除栽植时施用基肥外，根据芍药不同发育时期对肥分的要求，每年可追肥3次。春天幼苗出土展叶后，可施"花肥"，目的是促使植株苗壮生长，为花蕾发育和开花补充大量肥分。为及时补肥多用速效肥，注意要适当加大磷钾肥的成分。开花后，大量消耗体内的养分，又要进行花芽分化和芽体发育，可施"芽肥"，此时是否有充足的肥分及时补给，直接关系到来年开花和生长的质量，仍施以速效肥。入冬前结合越冬封土，可施"冬肥"，以长效肥为主，多用充分腐熟的堆肥、厩肥，或用腐熟的饼肥及复合肥料。

追肥施用方法有穴施、沟施和普施3种。1～2年生幼苗，因根系不发达，常采用株间穴施或行间沟施的方法，穴与沟的深度约15 cm，将肥料施于其中，用土盖上，3年生以上的植株，多采用普施法，将肥料撒匀后，结合中耕除草，深锄松土，使之与土壤混匀。1～2年生幼苗，每666.7 m²可追施饼肥150～200 kg，或粪肥1500 kg，3年生以上的植株，每666.7 m²可用饼肥或麻酱渣200～250 kg，或用粪肥2000～2500 kg。

4. 浇水

芍药根系发达，入土很深，能从土壤深层吸收水分；根肉质不耐水湿，所以不需像露地草花那样经常浇水，但过分干燥，也对生长不利，开花小而稀疏，花色不艳。可见，适度湿润是芍药正常生长所必需的生态条件，因此在干旱时仍需适时浇水，尤以开花前后和越冬封土前，要保证充分的灌水。降大雨时要特别注意及时排水，以免根系受害。

5. 摘侧蕾

芍药除茎顶着生主蕾外，茎上部叶腋有3～4个侧蕾，为使养分集中，顶蕾花大，在花蕾显现后不久，摘除侧蕾。为防止顶蕾受损，可先留1个侧蕾，待顶蕾膨大，正常发育不成问题时，再将预留的侧蕾摘去。所以花农有"芍药打头（去侧蕾），牡丹修脚（去脚芽）"的谚语。巧妙地应用主、侧蕾花期的差异，可适当延长芍药的观赏期，可在同一品种（侧蕾可正常开花的品种）中选一部分植株，去除主蕾，留1个侧蕾开花，则花期可延后数日。

6. 剪除残花

花后，除留种植株外，及时剪除残花，以免徒耗营养。

7. 剪除地上部分、浇冻水、封土越冬

10月下旬以后，地上茎叶逐渐变黄枯干。此时应剪除枯叶、扫除枯叶，集中深埋，避免病虫害的再次传播为害。然后，冬天土壤封冻前浇透水，施肥，堆土保墒、防寒越冬。

（七）病虫害防治

1. 芍药病害

芍药病害主要有芍药灰霉病、芍药褐斑病、芍药红斑病。

（1）菊花白粉病。症状：主要为害叶片。发病初期叶面产生近圆形的白粉状霉斑，并向四周蔓延，连接成边缘不整齐的大片白粉斑，其上布满白色至灰白色粉状物，为病原菌分生孢子梗和分生孢子；后期全叶布满白粉，叶片枯干，秋季霉层上密布小黑点，为病原菌的闭囊壳。

防治方法：①秋后彻底清除田间病残体，并集中烧掉，以减少越冬菌源基数；②加强田间栽培管理，注意通风透光，雨后及时排水；③发病期喷洒25%粉锈宁800～1000倍液、62.25%仙生600倍液、50%甲基托布津800倍液或50%硫黄悬浮剂300倍液等药剂，视病情共喷1～3次。

（2）灰霉病。主要为害茎、叶、花。叶发病从叶尖或叶缘开始，形成淡褐色圆形病斑，上有不规则轮纹，然后出现灰色霉状物。茎上病斑呈棱形，紫褐色，造成茎部腐烂植株折断。花发病后变成褐色并腐烂。

防治方法：①清洁田园，烧毁病株；②合理密植，保证各株间透光通风；③实行轮作，雨天及时开沟排水；④在发病初期喷1～2次药剂预防，可使用50%多菌灵WP500倍液，或50%多霉WP800～1000倍液，或50%扑海因WP800～1000倍液，或50%速克灵WP800～1000倍液，或70%甲基托布津WP800倍液喷雾。

（3）褐斑病。发病叶面初为褐色圆斑，后扩展为同心轮状斑，并呈灰褐色；叶背产生黑绿色霉状物，最终叶片枯死。

防治方法：同上。

（4）根腐病。一般在高温多湿，排水不良时发生。发病的根先产生水渍状病斑，后变为黑褐色，病部出现灰白色绒毛。发病根部发软，用手捏时产生浆水，严重时根条干缩僵化。

防治方法：①种栽贮藏时应通风干燥，防止过湿；②贮藏所用的沙土不能太湿，以手握成团，放开即散为度；③药剂防治：同上。

（5）锈病。为害叶片。一般在5月上旬发病，7～9月严重。发病初期叶面无明显病斑，后期形成圆形或不规则形的灰褐色病斑；在叶面无病斑时，叶背产生黄褐色颗粒状的夏孢子堆，后期出现刺毛状的冬孢子堆。被害叶片弯曲、皱缩，最后枯死。防治方法：同上。

2. 芍药的虫害

（1）金龟子。为害芍药的金龟子有多种，如县黑绒鳃金龟子、苹果丽金龟子、黄毛鳃金龟子等，其成虫为害芍药叶片和花；幼虫蛴螬，虫体近圆筒形，弯曲成"C"字形，乳白色，头黄褐色，有胸足3对，无腹足。取食芍药根部，造成的伤口又为镰刀菌的侵染创造了条件，导致根腐病的发生。

防治方法：①药剂处理土壤。用50%辛硫磷乳油每亩200～250 g，加水10倍喷于25～30 kg细土上拌匀制成毒土，顺垄条施，随即浅锄，或将该毒土撒于种沟或地面，随即耕翻或混入厩肥中施用；用2%甲基异柳磷粉每亩2～3 kg拌细土25～30 kg制成毒土；②毒饵诱杀。每亩地用辛硫磷胶囊剂150～200 g拌谷子等饵料5 kg，或50%辛硫磷乳油50～100 g拌饵料3～4 kg，撒于种沟中，亦可收到良好的防治效果。有条件的地区，可设置黑光灯诱杀成虫，减少蛴螬的发生数量。

（2）介壳虫。介壳虫又名蚧。为害芍药的介壳虫有数种，如吹棉蚧、日本蜡蚧，长白盾蚧、桑白盾蚧、芍药圆蚧、矢尖盾蚧等。介壳虫吸食芍药的汁液，使植株生长衰弱，枝叶变黄。

防治方法：①加强检疫，严防引入带虫苗木；②保护和利用天敌。③抓住卵的盛孵期喷药，刚孵出的虫体表面尚未披蜡，易被杀死，可喷50%辛硫磷乳剂1000～2000倍液。喷药要均匀，全株都要喷到，在蜡壳形成后喷药无效；④发现个别枝被介壳虫为害时，可用软刷刷除，或剪去虫害枝烧毁。

（3）蚜虫。蚜虫在高温干燥条件下，繁殖快，为害严重。蚜虫1年可繁殖数代以至二三十代。蚜虫分泌蜜汁，可使被害株茎叶生理活动受阻；同时其蜜汁又是病菌的良好培养基，常引发煤污病等；蚜虫还能传播病毒病。当春天芍药萌发后，即有蚜虫飞来为害，吸食叶片的汁液，使被害叶卷曲变黄，幼苗长大后，蚜虫常聚生于嫩梢、花梗、叶背等处，使花苗茎叶卷曲萎缩，以至全株枯萎死亡。

防治方法：①清除越冬杂草；②保护和利用天敌，天敌主要有异色瓢虫、七星瓢虫、黄斑盘瓢虫、龟纹瓢虫、食蚜蝇和草蛉等；③0.3%苦参碱水剂800～1000倍液，或21%灭杀毙乳油1500～2000倍液，或20%康福多浓乳剂3000～4000倍液，或10%吡虫啉可湿性粉剂1500～2000倍液喷雾，1～2次。

（八）芍药的采收

一般于栽后第4年的8～9月，选晴天采收芍药的老根。采收时，先割去植株茎叶，然后挖出全根，除去泥土，从芍药植株上取下芍根后，去掉须根，按粗细不同分级，经煮沸搅拌，取出根观察，不到1分钟水迹即全部风干为适期（一说取出根，根表皮不附水珠时为适期），立即取出浸于冷水中，约浸半小时以上，用玻璃片、小刀等刮去根皮，洗净，晾干。最好不要在烈日下暴晒，以免外皮变成红褐色，要经半个月左右的晾晒，粗根需时多些，细根则短些。在晾根过程中，晾晒几天，收拢一起闷一两天，使之返潮，然后再晾晒，直至根断开呈粉白色，敲之有声，即可分级包装，待售。通常按根径大小分为3级：一级品，根径4 cm以上；二级品，根径2～4 cm；三级品，根径2 cm以下。都要求外皮光滑，白带粉色，粗细均匀。一般1 kg鲜根可得0.5 kg干白芍。经3年续培，每666.7 m^2约产鲜根900 kg，制得白芍450 kg。浙江东阳制取白芍是先去根皮，再行煮制，具有地方特色，但药效是相同的。

山核桃林下套种多花黄精生产技术

一、山核桃和多花黄精的基本情况

山核桃为我国特有的干果和油料植物，属胡桃科山核桃属。山核桃主要分布于浙皖交界的临安、淳安、安吉、宁国、旌德、绩溪、歙县等地区。淳安是"中国山核桃之乡"，山核桃作为淳安县的传统特产，栽培历史悠久，是淳安农业的四大主导产业之一，也是农民增收的主渠道。据统计，淳安县山核桃面积达32.38万亩，2018年产量7014 t，实现产值7亿元。

黄精为百合科植物滇黄精、黄精或多花黄精的干燥根茎，是多年生草本植物，可春秋两季采收，秋季采收质量为佳。按原植物和药材性状的差异，黄精可分为姜形黄精、鸡头黄精和大黄精。其中姜形黄精的原植物为多花黄精，其根茎横走，圆柱状，结节膨大；叶轮生，无柄；以根茎入药，具有补气养阴，健脾，润肺，益肾功能；用于治疗脾胃虚弱，体倦乏力，口干食少，肺虚燥咳，精血不足，内热消渴等症，对于糖尿病很有疗效；主产区在浙江、安徽、云南、湖南、贵州等地。现该产品多是野生资源供应市场，野生品产区广泛，资源较丰富，但较零散。随着近年来人们的无序采挖，资源量逐渐下降。现在虽有家种品应市，但生产规模小，生产期长，效益低，目前市场上主要是野生品供应市场。黄精可药食同用，其用途逐渐广泛，用量大有增加趋势，目前一般年需求量在4000 t以上。其中全国黄精产量在3000 t左右，需进口1000 t左右。随着食用量的不断增加，需求量将达10000 t，黄精需求量有增无减，供需相对平衡中偏紧，种植前景较好。

淳安县以多花黄精种植为主。多花黄精为百合科黄精属多年生草本植物，又名鸡头黄精、黄鸡菜、笔管菜、爪了参、老虎姜、鸡爪参。是"淳六味"品种之一，也是新"浙八味"品种之一，2018年全县种植面积9500亩，产量1400 t，产值1.39亿元。

二、山核桃和黄精的生长习性互补

野生黄精多生于海拔2000 m以下阴湿的山地灌木丛及林边草丛中，露天生长容易引起日灼，幼苗能露地越冬，但不宜在干燥地区生长，在湿润、荫蔽的环境生长良好，但长时间积水对生长不利。这些特征决定了黄精喜温暖湿润气候和阴湿的环境、耐寒、适应性较强的生长习性。

山核桃属落叶乔木，夏季日照强烈，山核桃林下郁闭度刚好适宜多花黄精的荫蔽生长条件，符合多花黄精的弱光需求。冬季气温较低，山核桃落叶后，林下日照量增加，积温量渐大，适合黄精新生萌芽的分化所需温度，为翌年开春萌芽提供了较好的条件。山核桃根系多分布于土层30～40 cm以下，而黄精多生于土层10~15 cm以上，二种作为互补，充分利用了土地资源。

三、试验效益情况

2014年淳安县临岐镇农业公共服务中心在临岐镇右源村大坑坞建立了50亩山核桃林下套种多花黄精示范基地，在经济、生态、社会3方面均取得了较好的效益。

1. 经济效益

通过示范，2018年基地林生产山核桃3.6 t，产值36万元；产黄精28.8 t，产值172.8万，平均每年黄精亩产值7200元。复合经营示范面积每年亩产值达13200元，每年额外增加农民收入48万元，既增加了农民收入，又提高了土地利用率。

2. 生态效益

通过套种，防止了土壤冲刷，保护并增进了土壤肥力。山核桃林套种中药材黄精后不使用除草剂，以黄精保护绿色植被，防止表土流失，旱季可以减少地面蒸发，提高土壤水分，以适应黄精喜阴，怕高温干旱和日灼的生态习性。通过黄精的园地管理，促进山核桃树根系生长发达，为山核桃林丰产打好基础。山核桃林根系分布浅与管理粗放有密切关系，因山核桃长期采用只劈草或打除草剂而不挖山的抚育方法，下层土壤板结，通过对黄精的除草和采挖，可促使山核桃根系向深层发展，达到扩大营养面积和抗旱的目的。另外，黄精除草和采挖后，大量的杂草和黄精茎叶留在山核桃林地，腐烂后为林地提供了大量有机肥，提高了土壤腐殖质含量，培肥了地力。

3. 社会效益

山核桃林地套种黄精，一般劳动力都能操作，这样就可以充分利用农场剩余劳动力资源，拓展就业空间，增加农民收入，具有很好的社会效益。

四、生产技术

（一）基地选择

（1）宜选择疏松肥沃、土层深厚，近水源，阴坡及半阴坡，上层透光率在30%～40%的山核桃林地。

（2）选择pH值为5.5～7.0的黄壤土为宜，黏重土、低洼积水或地下水位高的地不宜栽种。

（3）环境空气、土壤和灌溉水质量应分别符合GB3095、GB15618和GB5084的规定。

（二）林分透光率调整

种植前，将山核桃林分中的老枝、病枝、弱枝和机械损伤枝清理干净；透光率不足30%的通过整枝、间伐等人工措施调整至30%～40%。

（三）整地施基肥

1. 整地

种植前，对林中枯老伤枝、灌木杂草进行清理，准备好农家肥或有机肥。10月底前完成整地。平缓地带宜采取块状整地，深度25～30 cm，种植带宽1.2 m左右，长度根据地形合理安排。坡度较陡的不需做畦，需每隔3 m用树枝、根梗或草叶做1条隔土带，以防水土流失。

2. 施基肥

先撒施腐熟的农家肥每亩2000～2500 kg，或商品有机肥每亩300～400 kg，再施过磷酸钙每亩25 kg，然后耕翻，深度25～30 cm，不要伤到山核桃树根，耕细整平。

（四）种植技术

一般以根茎繁殖和种子育苗为主。

1. 根茎繁殖

种茎选择无病虫害、无损伤、芽头完好的根状茎作种。截取有芽头的母茎2～3节为一段种茎，将草木灰涂于伤口。播种前，用多菌灵可湿性粉剂或农用链霉素或甲基托布津等杀菌剂800～1200倍液进行浸种消毒，15～30分钟后捞出阴干。阴干后的种茎于阳光下摊晒1～2天后种植。

2. 种植时间

根茎繁殖在当年9月至翌年3月出苗前均可播种，以9月下旬至10月上旬播种最佳；种子繁殖的种苗在当年秋后或翌年春移栽，最迟不能超过4月底。

3. 种植规格

以行距35～40 cm、株距15～20 cm为宜，每亩种植必须4000～5000株及以上，过少则影响产量。

4. 种植深度

以8～10 cm为宜，每穴1株，盖土5～8 cm。

（五）田间管理

1. 覆盖

入冬后用山核桃蒲壳或杂草等进行覆盖。

2. 中耕除草

中耕宜浅锄，每年4～11月，根据土壤墒情进行中耕除草培土。

3. 肥水管理

（1）灌溉：出苗前，保持土壤湿润，确保出苗。出苗后，雨季应及时清沟沥水。黄精块茎快速膨大生长阶段，遇久旱（连续10天不下雨）须及时一次性浇透水。

（2）追肥：每年4～7月，追肥1～2次，每亩施三元复合肥（N：P_2O_5：K_2SO_4=15：15：15）30～45 kg，或商品有机肥200 kg；11月重施越冬肥，每亩施腐熟的农家肥1000～1500 kg，过磷酸钙50 kg，饼肥50 kg。

（3）修剪打顶：在春季黄精开花初期高出地面50 cm时结合除草剪去植株顶端，同时摘除花朵（蕾），以促进地下茎的生长。

4. 病虫害防治

主要病害有叶斑病、黑斑病、枯萎病、根腐病等；主要虫害有小地老虎、蛴螬、飞虱等。防治措施如下：

（1）农业防治：选择抗病性强，无病虫害的多花黄精根茎；及时清理打扫田间病残植株和枯枝落叶；加强大田生长情况观察，及时准确进行病情预测预防。

（2）物理防治：根据害虫的不同特性，4月下旬至7月，在田间安装频振式杀虫灯或悬挂粘虫板等。

（3）化学防治：主要病虫害防治方法参见下表。农药使用应符合NY/T393的规定。

多花黄精主要病虫害防治药剂名录

防治对象	推荐药剂（安全间隔期）	施用方法
叶斑病	20%硅唑·咪鲜胺1000倍液（7天），38%恶霜嘧铜菌酯800～1000倍液（10天）或4%氟硅唑1000倍液（18天），50%甲基托布津1000倍液（7天），70%代森锰锌500倍液（15天）、80%代森锰锌400～600倍液（15天），50%克菌丹500倍液（10天）	喷雾、灌根、喷洒
黑斑病	4%氟硅唑（18天）、20%硅唑·咪鲜胺800～1000倍液（7天）、75%百菌清500倍液（7天）、80%代森锰锌500倍液（15天）	喷雾、灌根、喷洒
枯萎病	50%多菌灵可湿性粉剂（20天）、70%甲基硫菌灵可湿性粉剂（30天）、10%苯醚甲环唑水分散粒剂（10天）	喷雾、灌根、喷洒
炭疽病	70%丙森锌可湿性粉剂（7天）、70%甲基硫菌灵可湿性粉剂（30天）、25%嘧菌酯悬浮剂（30天）、70%代森锰锌可湿性粉剂（20天）、25%施保克可湿性粉剂（10天）	喷雾、灌根、喷洒
软腐病	农用链霉素200mg/L（10天）、敌克松原粉1000倍液（20天）、38%恶霜嘧铜菌酯800倍液（10天）、77%氢氧化铜可湿性粉剂400～600倍液（7天）	喷雾、灌根、喷洒
蛴螬	1.1%苦参碱粉剂（7天）、茶枯（5天）、90%敌百虫晶体（7天）或48%乐斯本（7天）。	喷雾、喷洒
小地老虎	90%晶体敌百虫30倍液拌炒过的麦麸或豆饼制成毒饵诱杀（7天）、辛硫磷（10天）。	喷雾、灌根
飞虱	20%菊马乳油（10天）、10%吡虫啉4000～6000倍液（10天）。	喷雾

（六）采收加工

1. 采收

宜秋季采收，9月下旬植株地上部枯萎时，选晴天采收，抖去泥土，剪去茎秆。

2. 加工

采收时除去地上部分及须根，洗去泥土，置蒸笼内蒸至呈现油润时，取出晒干或烘干；或置水中煮沸后，捞出晒干或50℃烘干。

淳安山茱萸适宜生长的气候
条件及灾害指标研究

童永前

山茱萸（*Cornus officinalis*）俗称红枣皮，为落叶乔木或小乔木，树高3～10 m，呈黑褐色。核果椭圆形，成熟时红色、有光泽，外果皮革质，中果皮肉质，内果核皮坚硬木质。有补益肝肾，涩精固脱之功效，是一种重要的药用原料。主产于浙江、陕西、河南等地。野生于含钙质土壤，喜生长于溪边或较湿润的向阳山坡，喜温暖湿润的气候，忌严寒，属中性植物，既耐阴又喜光，要求土壤疏松深厚，湿润肥沃，排水良好的微酸性和中性轻质土或沙壤土，若土壤pH值低于4.5则生长不良，对热、水要求较严格，以种子繁殖为主，也可嫁接、压条繁殖。开花期4月；果实采摘期9月。

一、山茱萸栽培适宜的气候条件

1.温度条件

山茱萸为暖温带阳性树种，生长适温为20～30℃，超过35℃则生长不良。抗寒性强，可耐短暂的-18℃低温，生长良好，山茱萸较耐阴但又喜充足的光照，通常在山坡中下部地段，阴坡、阳坡、谷地以及河两岸等地均生长良好，一般分布在海拔400～1600 m的区域，其中600～1300 m比较适宜。山茱萸宜栽于排水良好，富含有机质、肥沃的沙壤土中。黏土要混入适量河沙，增加排水及透气性能。

在年平均温度8～16℃的条件下都能生长，年平均气温13～15℃最为适宜。以春播为主，气温大于12℃为宜。花期（4月份）气温以8～15℃为宜，在此期间易出现寒潮或霜冻从而造成减产；旺长期气温18～25℃为宜，1月份平均气温大于2.5℃树苗不会受到冻害，要求≥0℃积温4500～5000℃左右，年无霜期190～280天。

2.水分条件

山茱萸是喜湿润的木本植物，一般年降水800～1500 mm地区都能生长，但以1000～1200 mm较为适宜，年均相对湿度70%～80%较好。播种期（3月中下旬）降水量大于30 mm，才能正常出苗；花期（4月份）要求降水量20～25 mm为宜，若降水量偏多易落花，降水偏少易旱花；旺盛生长期（6～8月）降水量大于350 mm最佳，适宜于栽种在海拔600～1000 m的山坡上，以坡度30°～35°、排水条件较好的坡地为佳。

3.光照条件

山茱萸为中性植物，在年平均日照时数1600～2000小时的地区都能栽植，既耐阴，又喜光，若光照条件好，有利于坐果，果肉成熟好，个大色艳，品质好。若过阴，如坐果率亦较好，但旺长期光合积累少，果肉薄，成熟度差，品质降低，相对影响产量和品质。

二、淳安适宜山茱萸生长区域分析

山茱萸适宜生长于本县海拔高度500～900 m的低山、丘陵。野生于含钙质土壤，喜生长于溪边或较湿润的向阳山坡，喜温暖湿润的气候，忌严寒；要求土壤疏松肥沃，排水良好的微酸性和中性轻质土或沙壤土。我县东北部的临岐镇、屏门乡和西北部的王阜乡、威坪镇等乡镇多含钙质土壤，土层深厚，土质较好，气候适宜，具有得天独厚的自然条件，可发展为我县的山茱萸药材生产基地。

三、淳安县农业气候资源特点

淳安县属中亚热带季风气候。它的主要特征是温暖多雨，四季分明，冬夏长，春秋短，光、温、水资源丰富，气候温暖，光照充足，降水适中。年平均气温17.0℃，最热月（7月）平均气温28.9℃，年极端最高气温为41.8℃。最冷月（1月）平均气温5.0℃，年极端最低气温-7.6℃。年平均降水量为1430 mm，其中4～6月为多雨期，雨量占全年的44%；11月至次年1月为少雨期，雨量占全年的10%。平均年雨日为155天，年平均相对湿度为76%，平均年日照时数为1951小时，年辐射总量为447.47 kJ/cm²。≥10℃的活动积温为4948℃，初霜常年出现在11月下旬，终霜常年在3月上旬，平均无霜期236天。

山茱萸花期（3月底至4月中旬）平均气温9.4～15.7℃，降水量在150～180 mm左右，非常适宜山茱萸正常开花要求的温度和水分条件，但易出现寒潮降温冻害、连阴雨落花等灾害；旺盛生长期（6～8月）22.4～26.2℃，降水量480～550 mm左右，对山茱萸生长非常有利。成熟期9月份平均气温为21.8℃，降水量在90～110 mm左右，气候温和少雨，适宜采收。平均年日照时数为1951小时，年辐射总量为447.47 kJ/cm²，光照条件充足，年无霜期236天，无霜期长，对提高山茱萸产量和品质极为有利。从光、热、水的配合状况来看，淳安县是山茱萸药材适宜种植地区。

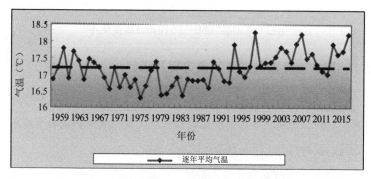

图1　淳安县1959—2016年平均气温变化图

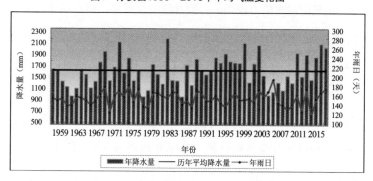

图2　淳安县1959—2016年降水量变化图

图3　淳安县1959—2016年日照变化图

四、生育期内主要气象灾害及指标

山茱萸生育期内主要气象灾害有低温连阴雨、干旱、暴雨、冰雹。对山茱萸产量和品质影响较大的主要气象灾害是春季寒潮低温、夏季高温干旱和秋季连阴雨。

1.春季寒潮低温时段及指标

山萸肉耐寒能力较强，一般都能安全越冬，但在花芽萌动和开花期，花器官的抗寒能力最弱。据试验，花芽萌动后，3月下旬至4月上旬，日平均温度大于7℃，低于12℃最为适宜，若低于5℃影响芽期生长，日最低气温低于2℃，其花芽容易受冻害，严重影响开花坐果率。当冻害发生后，当年产量大减。据我县1961～2015年气象资料分析，春季寒潮低温（3月下旬至4月上旬日最低气温≤2.0℃）发生冻害次数为10年，约五年一遇。

2.高温干旱时段及指标

山萸肉果实膨大期一般在7～8月份，此时正值我县出梅后进入三伏高温干旱期。据试验，果实膨大期出现干旱时，影响果树坐果率，当空气相对湿度小于30%时，叶片凋萎，并易造成大量落果，因此果实膨大期空气相对湿度保持在60%~70%为宜。据我县1961—2015年气象资料分析，7~8月份出现干旱的年份（降水距平百分率-50%以下）共有16年，约三年一遇；出现严重干旱的年份（降水距平百分率小于-60%）有5年，分别为1966年、1967年、1973年、1990年和2004年，十年一遇。

3.秋季连阴雨时段及指标

山萸肉在果实成熟期如遇长期阴雨天气，土壤中水分过多，空气湿度太大，加之光照条件差，会导致病虫害严重发生，果实着色差，品质下降，轻则落叶落果，重则烂根和死亡。9月初到9月中旬，日平均气温小于20℃，降水量大于100 mm且空气相对湿度大于80%，连阴雨时间大于10天。期间日照时数≤同期20%，产品质量受到严重影响。据我县1961—2015年气象资料分析，秋季出现7天以上的连阴雨天气次数为11次，五年一遇；10天以上的连阴雨天气有3次，约二十年一遇。

五、主要气象灾害防御措施及生产管理

1.主要气象灾害防御措施

高温干旱时应采取以下措施：①进行果园灌溉。浇水可增加土壤水分，改善果园小气候，并促进果树吸收根的生长。②叶面

喷水。在无灌溉条件的果园，应采用叶面喷水来增加空气湿度，促进开花授粉，提高坐果率。

低温冻害采取的防御措施主要有：①冬季树干刷白，幼树主干稻草包扎，翻耕果园，疏松土壤，提高地温，增施有机肥。②春季果园浇水、清除杂草，在冻害将要发生时进行叶面喷洒增温剂，有霜冻发生时果园实施杂草熏烟等，均可取得一定效果。

连阴雨灾害防御措施：①及时清除果园杂草等遮阴植物，以利通风透光。②当山茱萸园地土壤水分过多或有积水现象时，注意及时挖沟排水，防止水多烂根。

2.加强土壤管理

每年秋季果实采收后结合秋施基肥或早春解冻后至萌芽前进行冬挖、深翻、施底肥，这样既能改良土壤，提高土壤肥力，又能保持水土，为山茱萸高产打下良好的基础。

3.树枝科学修剪

通过修剪，调节生长、开花、结果三者关系，从而达到幼树提早开花结果、成年树丰产稳产、老年树更新复壮之目的。成年树修剪时要注意控制花芽留量和调节花、叶芽比例，一般可掌握1∶3的比例。

4.病虫害防治

炭疽病主要为害果实和叶片，5～11月发生，造成减产30%～50%。防治方法：①50%咪鲜胺乳油1000～1500倍液在发生初期喷雾使用，或250 g/L嘧菌酯悬浮剂1000～1200倍液在发病前或发病初期喷雾使用。②及时摘除病果，集中深埋；③选育抗病品种，增施磷钾肥，提高植株抗病力。蛀果蛾又名食心虫、药枣虫，为害果实，以幼虫蛀食果肉，一般减产30%。防治方法：10%溴虫腈悬浮剂1000～1500倍液在发生初期喷雾使用，或0.5%藜芦碱可溶液剂400～500倍液在低龄幼虫期或卵孵化盛期喷雾使用。